大数据分析与应用丛书

吉林财经大学资助出版图书

局部搜索算法及其在组合优化问题中的应用

李睿智　著

科 学 出 版 社

北 京

内 容 简 介

局部搜索算法是一种重要的求解组合优化问题的启发式算法，由于简单且易于理解，其已受到越来越广泛的重视。不同局部搜索算法的差别主要在于评估函数、邻域结构以及状态转移函数的设计。本书针对最小加权顶点覆盖、最小有容量支配集、最小连通支配集几个经典的 NP 难组合优化问题，提出合理的评估函数、邻域结构以及状态转移函数，设计出高效的局部搜索算法。

本书可供计算机科学、运筹学、管理科学、系统工程等相关专业的高校师生、科研人员和工程技术人员阅读参考。

图书在版编目（CIP）数据

局部搜索算法及其在组合优化问题中的应用 / 李睿智著. —北京：科学出版社，2019.7

（大数据分析与应用丛书）

ISBN 978-7-03-061909-9

Ⅰ. ①局… Ⅱ. ①李… Ⅲ. ①近似计算-研究 Ⅳ. ①O242.2

中国版本图书馆 CIP 数据核字（2019）第 147054 号

责任编辑：王喜军　高慧元 / 责任校对：王　瑞
责任印制：吴兆东 / 封面设计：壹选文化

科 学 出 版 社 出版
北京东黄城根北街 16 号
邮政编码：100717
http://www.sciencep.com

北京中石油彩色印刷有限责任公司印刷
科学出版社发行　各地新华书店经销
*

2019 年 7 月第 一 版　开本：720×1000　1/16
2019 年 7 月第一次印刷　印张：8
字数：160 000
定价：88.00 元
（如有印装质量问题，我社负责调换）

丛书编辑委员会

丛　书　序

在这个信息爆炸的时代，数据正以前所未有的规模急剧增长，海量数据的收集、存储、处理、分析以及信息服务成为全球信息技术发展的主流。从 1997 年美国航空航天局研究员迈克尔·考克斯和大卫·埃尔斯沃斯首次使用"大数据"这一术语到现在，"大数据"已成为当下最火热的 IT 行业词汇。2008 年 9 月 *Nature* 推出了 *Big Data* 专刊，"大数据"自此成为政府、学术界、实务界共同关注的焦点。IBM 公司提出了大数据的 5V 特点：大量（volume）、高速（velocity）、多样（variety）、低价值密度（value）和真实性（veracity）。大数据的特点驱动着大数据分析技术与方法应运而生。

大数据研究之所以备受关注，源于大数据隐含着巨大的社会、经济、科研价值，在物联网、舆情分析、电子商务、健康医疗、生物技术、金融信息、人工智能等各个领域具有广泛的应用。因此，大数据分析作为深度挖掘数据价值的关键手段，引起了各行各业的高度重视。有效地组织和使用大数据，将对社会经济和科学研究产生巨大的推动作用，同时也孕育着前所未有的机遇。目前，大数据已经成为与自然资源、人力资源一样重要的战略资源，是一个国家数字主权的体现。大数据时代，如何提高和改进人们从海量和复杂的数据中获取知识的能力，已经成为各国学者学术研究的焦点。

在此背景下"大数据分析与应用丛书"出版。这套丛书是对现有大数据相关著作的补充与完善，基本覆盖大数据分析、人工智能、数理统计、机器学习、电子商务等各个领域，融合了大数据学术领域的相关技术、算法与大数据应用领域的具体实例和方法，是一套大数据分析与应用相结合的佳作。本丛书可作为统计学、管理学、计算机科学、金融信息、大数据、电子商务、信息系统等专业的本科生、研究生进行数据挖掘、机器学习、人工智能、数理统计等相关研究时的参考。

　　"大数据分析与应用丛书"由吉林财经大学数据科学与大数据技术专业、计算机科学与技术专业、电子商务专业、信息管理与信息系统专业的专任教师和吉林省互联网金融重点实验室、吉林省商务大数据研究中心科研人员撰写，还有一批有影响力的学者组成了编委会负责书稿审校。相信丛书出版后将对本领域的教师、科研人员、工程师、管理人员、学生和爱好者有所裨益，为大数据分析与应用领域的研究与发展贡献一分力量。

　　本丛书得到国家自然科学基金项目（项目编号：61472049、61572225、61402193）、国家社会科学基金项目（项目编号：15BGL090）的资助，丛书编委会和全体作者在此表示衷心的感谢。

"大数据分析与应用丛书"编委会

2018 年 9 月 5 日

前　言

组合优化是计算机科学与运筹学的一个重要分支，其所研究的问题是通过对数学方法的研究去寻找离散事件的最优分组、编排、筛选或次序等。组合优化问题广泛存在于信息技术、交通运输、通信网络、经济管理等领域。求解组合优化问题的算法包括精确算法和启发式算法，精确算法能够求出问题的最优解，但是随着问题规模逐渐增大，求解这些问题的最优解所需的计算量与存储空间呈指数增长，会带来所谓的"组合爆炸"现象，使得在现有的计算能力下，使用精确算法求得最优解变得几乎不可能。在这种情况下，一些启发式算法应运而生，如局部搜索算法、松弛算法等。

对于难解问题实例，局部搜索算法可以在合理的时间内找到近似最优解或最优解。同时局部搜索算法具有简单、高效、容易并行等优点。局部搜索算法很容易实现，对于优化问题，只要定义好解空间的邻域结构就可以用局部搜索算法来求解。目前已有很多研究表明了局部搜索算法的高效性，尤其在求解非确定性多项式（non-deterministic polynomial，NP）难问题的较大实例时，局部搜索算法有很大的潜力。由于很多局部搜索算法都加入了随机策略，不同随机种子的运行就可并行实现。本书中，作者对局部搜索算法进行研究，并根据具体问题的特点设计高效的算法。具体来说，我们选择最小加权顶点覆盖问题、最小有容量支配集问题和最小连通支配集问题作为研究对象，设计高效的局部搜索算法。本书的主要研究工作和贡献如下。

（1）提出基于动态打分策略和加权格局检测策略的局部搜索（diversion local search based on dynamic score strategy and weighted configuration checking，DLSWCC）算法求解最小加权顶点覆盖问题。在 DLSWCC 算法中，动态打分策略在搜索陷入局部最优时更新边的权值，进而改变顶点的分数，从而使搜索跳出局部最优并向更优的方向进行；加权格局检测策略考虑了每个顶点的环境信息，用来减少局部搜索中的循环问题。结合以上两个策略我们提出了顶点选择方法，确定在局部搜索过程中加入或移出候选解的顶点。我们在大量的标准实例上对 DLSWCC 算法进行了测试，实验结果表明 DLSWCC 算法要优于现有最优算法。

（2）提出基于顶点惩罚策略和两种模式的被支配顶点选择策略的局部搜索（local search based on vertex penalizing and two-mode dominated vertex selecting strategy，LS_PD）算法求解最小有容量支配集问题。在 LS_PD 算法中，顶点惩罚策略在搜索陷入局部最优时增加当前未被支配顶点的罚值，罚值的改变会影响顶点的分数，使得算法跳出局部最优；两种模式的被支配顶点选择策略确定加入候选解的顶点支配哪些顶点；同时用强化策略来提高每个顶点容量的利用率，从而提高算法的性能。我们在固定容量和变化容量的一般图及单位圆盘图（unit disk graphs，UDG）上对 LS_PD 算法进行了对比实验。实验结果表明，无论一般图还是 UDG，LS_PD 算法都具有较好的性能。

（3）提出基于候选顶点集合和解的连接元素集合的贪婪随机自适应（greedy randomized adaptive search procedures，GRASP）算法求解最小连通支配集问题。在 GRASP 算法中，构造初始候选解时，加入候选顶点集合中的顶点不会破坏候选解的连通性；在搜索过程中，加入解的连接元素集合中的顶点会使不连通的候选解变为连通；此外，我们还使用评估函数定义了每个顶点的分数、禁忌策略来避免算法陷入循环搜索。我们将 GRASP 算法与现有最优启发式算法和精确算法进行对比。实验结果表明，GRASP 算法在第十届逻辑编程与非单调推理国际会议（The Tenth International Conference on Logic Programming and Nonmonotonic Reasoning，LPRNMR）实例和随机实例上效果很好，在最多叶子生成树问题（maximum leaf spanning tree problem，MLSTP）实例上只有少数稀疏图效果不是很好。

感谢东北师范大学殷明浩教授在本书写作过程中给予的悉心指导和帮助，使得本书得以顺利完成；感谢家人在我完成书稿过程中给予的精神鼓励，为我完成本书提供了不竭的动力。

本书是作者主持的国家自然科学基金青年科学基金项目"最小加权顶点覆盖问题的求解算法研究"（61806082）、中国博士后科学基金面上项目"最小有容量支配集问题的求解算法研究"（2019M651208）、吉林省科学技术厅优秀青年人才基金项目"大规模支配集问题的局部搜索算法研究"（20190103030JH）和吉林省教育厅"十三五"科学规划项目"大规模最小连通支配集问题的求解算法研究"（JJKH20190726KJ）的重要学术研究成果。本书得到了吉林财经大学的出版资助，在此一并表示感谢。

　　由于作者水平有限，书中难免会存在疏漏之处。如果读者在阅读过程中发现问题，请发邮件至 lirz111@jlufe.edu.cn，作者会及时给予回复。

作　者
2018 年 10 月

目　录

第1章 绪 论

组合优化是通过对数学方法的研究去寻找离散事件的最优分组、编排、筛选或次序等。本书将围绕几个典型的组合优化问题的局部搜索算法展开。本章首先介绍一些相关的基本概念；其次介绍组合优化问题的求解方法，包括精确算法和启发式算法；接着介绍本书研究的几个组合优化问题的研究现状；随后介绍本书的研究内容和贡献；最后给出全书各章节结构安排。

1.1 组合优化问题

组合优化是计算机科学与运筹学的一个重要分支，主要研究离散结构的优化问题解的性质及求解方法。在过去的 30 多年，组合优化问题的研究经历了爆炸式增长。科技的快速发展、新领域（如社会网络、生物网络）的出现和理论计算机科学的进步都促成了组合优化问题和相关算法研究的爆炸式增长。它所研究的问题涉及信息技术、交通运输、通信网络、经济管理等领域。组合优化问题的目标是从问题的可行解集中找出最优解。

组合优化问题的三个基本要素包括变量、约束和目标函数。其中，变量是求解过程中选定的参数；约束是对变量取值的各种限制；目标函数是衡量可行解质量的函数。定义 1.1 是组合优化问题的形式化定义。

定义 1.1（组合优化问题，combinatorial optimization problem） 在给定的约束条件下，寻找目标函数最优值（最大值或最小值）的问题。一个三元组 (S, X, f) 可以用来表示组合优化问题的一个实例，其中，S 包含于 X，X 是解空间，S 是可行解空间，目标函数 f 是一个映射，定义为

$$f : X \rightarrow R$$

求目标函数最大值的问题被称为最大化问题，记为

$$\max f(x), \quad x \in S \tag{1.1}$$

求目标函数最小值的问题被称为最小化问题，记为

$$\min f(x), \quad x \in S \tag{1.2}$$

显然，如果改变目标函数的符号，则最大化问题和最小化问题就可以等价转换。

1.2　组合优化问题的求解方法

对于结构化的组合优化问题，其解空间的规模在可控范围之内，因此对于该类问题，使用精确算法可以求出最优解。但是随着问题规模逐渐增大，求解该类问题最优解所需的计算量与存储空间呈指数增长，会带来所谓的"组合爆炸"现象，使得在现有的计算能力下，使用各种枚举方法、精确算法求出最优解变得几乎不可能。在这种情况下，启发式算法应运而生，该类算法可以在合理的时间内找到近似最优解或最优解。下面介绍求解组合优化问题的精确算法与启发式算法。

1.2.1　精确算法

精确算法指能够求出问题最优解的算法。精确算法是一种完备算法，可以保证找到问题的最优解，如果精确算法没有找到最优解，说明问题实例不存在解，换言之，完备算法可以判断问题实例是否存在解。对于求解比较困难的组合优化问题，问题的规模相对较小时，精确算法在可接受的时间内能够找到最优解；问题的规模相对较大时，精确算法能够为启发式算法提供一个初始解，以便能搜索到更高质量的解。到目前为止，已有很多精确算法被提出，经典的包括分支定界法、整数规划算法、割平面法和动态规划算法等。

1.2.2　启发式算法

对于一些计算起来非常困难的组合优化问题，如各种 NP 完全问题或者 NP

难问题，要找到最优解所需的时间和空间随问题规模呈指数增长，由此产生了各种启发式算法来寻找次优解。启发式算法是一种近似算法（approximate algorithm），是一种用时间换精度的思想。其中局部搜索算法是解决组合优化问题的一种有效启发式算法。

启发式算法指通过对过去经验的归纳推理以及实验分析来求解问题的方法，换言之是借助某种直观判断或试探的方法，来求出问题的次优解或以一定的概率求出最优解。启发式算法的搜索过程是从给定搜索空间的某个位置开始搜索，然后从当前位置移向某个邻居位置，邻居位置的数量相对较小，每次移动仅依赖局部信息。启发式算法是不完备算法，即如果找到一个解，不能确定该解是最优解，如果没有找到解，也不能保证问题实例不存在解。

1.2.3　两类算法的优缺点

理论分析显示，启发式算法的不完备性使得该类算法通常不如精确算法，但大量的实验结果表明情况并非如此。第一，很多问题实例都是有解的，在这种情况下搜索算法的目的是找到一个解而不是判断该问题实例是否存在解。很明显，精确算法的主要优点是能确定问题是否存在解。第二，一个典型的应用场景是在有限的时间内找到问题的一个解。对于一些现实生活中实时的问题，要求在规定的时间内给出一个解，精确算法很有可能在给定的时间内不能求解完毕，此时停止，算法将不能给出一个可行解；而启发式算法通常是先初始化一个候选解，每次迭代都维护一个可行解，直到到达给定的截止时间或最大迭代次数，若此时停止则算法能提供一个可行解，尽管该解很有可能不是最优解。

一般来说，精确算法和启发式算法在应用上是互补的。启发式算法在某些情况下是很有优势的，如需要在短时间内获得一个相对较好的解。在另外一些情况下，如要求获得最优解，但对时间没有要求，此时精确算法就是更好的选择。不过，尽管启发式算法仍有很多不确定因素，但到目前为止，对于一般的大规模问题都是启发式算法要优先于精确算法。因此，本书研究启发式算法中比较高效的局部搜索算法求解几个典型的组合优化问题。

1.3 相关工作

典型的组合优化问题有调度问题[1]、集合覆盖问题[2]、图着色问题[3]、旅行商问题[4]、顶点覆盖问题[5]、背包问题[6]、支配集问题[7]、装箱问题[8]等。这些问题不但描述很简单，而且有很强的工程代表性，但不存在一个算法能够在多项式时间内找到问题的最优解。由于"组合爆炸"的存在，随着问题规模的增大，寻找最优解的精确算法所需的时间和空间就会呈指数增长。正是这些问题的代表性和难解性激起了学者对组合优化理论及求解算法的研究兴趣。下面介绍本书所研究的图论上的几个典型的组合优化问题。

1.3.1 最小加权顶点覆盖问题

给定一个无向图，最小顶点覆盖（minimum vertex cover，MVC）问题是寻找一个含有最小基数的顶点子集使得图中每条边至少有一个端点在该顶点子集中。MVC 问题不仅有重要的理论研究意义，而且在实际问题中的很多领域都有重要的应用，如网络安全、超大规模集成电路、调度问题、生物信息学等[9, 10]。MVC 问题是著名的 NP 难组合优化问题，它的判定版本是 Karp 提出的 21 个 NP 完全问题之一[11]。要在多项式时间内找到近似比是 1.3606 的解是 NP 难的[12]，MVC 问题的近似算法才能达到 $2 - o(1)$ 的近似比[13, 14]。因此对于大规模的困难求解的实例，研究人员通常采用启发式算法在合理的时间内找到一个可接受的解。在过去的十多年里，很多启发式算法被提出来用于求解 MVC 问题，如 VEWLS[9]、COVER[15]、EWLS[16]、EWCC[17]、IA[18]、NuMVC[19]、TwMVC[20]、FastVC[21]、NoiseVC[22] 和 Lincom[23]等。

在很多现实应用中，无权的 MVC 问题不能完全准确地描述实际问题。例如，计划在城市交通路口安装监视设备，实现对每条道路的交通流量进行实时监控。决策者已知在每个路口安装监视设备的成本及运营和维护的费用，决策者希望选择某些路口，并在这些路口安装监视设备来监视该城市的每条道路，使得总的安装成本与运营和维护的费用最少[24]。很容易看出，城市的路口与道路可表示成一个无向图，各个路口表示无向图中的顶点，每条道路表示无向图中的一条边，而路口监视设备的成本、运营和维护的费用等表示图中顶点的权值，那么，如果用MVC 问题来描述该问题，只能求得最少监视设备的个数，而不能保证安装成本与运营和维护的费用最少。上述的问题可以刻画成最小加权顶点覆盖问题，这样更加准确。

最小加权顶点覆盖（minimum weighted vertex cover，MWVC）问题是 MVC问题的一个泛化版本，也是 NP 难问题[12]。给定一个无向加权图，其中每个顶点有一个正整数的权值，MWVC 问题是寻找一个顶点子集使得图中每条边至少有一个端点在该子集中，并且使顶点子集中各顶点的权重之和最小。顶点的权值在MWVC 问题中，可以代表工程、管理、经济应用中的成本、费用等。当每个顶点的权重相等时，该问题就等价于 MVC 问题。

目前已有很多学者在启发式算法上投入了大量的精力，目的是在合理的时间内用启发式算法找到 MWVC 问题的最优解或次优解。Shyu 等提出了一个基于蚁群优化算法的元启发式方法[25]，后来被 Jovanovic 等加入了信息素调整启发式策略改进了该算法[26]。Balachandar 等提出了一个随机重力模拟搜索算法，在该算法中介绍了一个新的基于两阶段的启发式操作[27]。伴随着顶点支持概念的提出，Balaji 等提出了有效的支持率算法[28]。Voß 等提出一个改进的反映式禁忌搜索算法[29]。Bouamama 等提出了一个基于种群的迭代贪婪搜索算法[30]。Zhou 等提出了多重启迭代禁忌搜索算法，该算法采用了多重启机制和禁忌策略[31]，该算法是目前求解 MWVC 问题的最优算法，与以前的算法相比，实验结果有很大的提高。

尽管这些算法已经成功地应用于求解加权顶点覆盖问题上，但对这种方法的研究仍处于初期阶段。与求解 MVC 问题的局部搜索算法相比，求解 MWVC 问题的算法还无法求解大规模的实例并且现有算法时间代价也很高，尤其是在规模相对较大的实例上。这有可能是因为 MWVC 问题比 MVC 问题更加困难和复杂，从算法设计的角度看，MWVC 问题更难以求解。由于 MWVC 问题复杂的结构，在局部搜索算法的搜索阶段更容易访问曾经访问过的解。除此之外，阅读现有文献，发现以前算法的启发式函数值都是静态的，这样使得局部搜索容易陷入局部最优。而且很少有文章用增量式的方法更新启发式函数值，这使得算法时间代价比较高。

为解决以上问题，我们提出了一个有效的局部搜索算法——DLSWCC 来求解 MWVC 问题[32]。

1.3.2　最小有容量支配集问题

给定一个无向图，最小支配集（minimum dominating set，MDS）问题是寻找一个含有最小基数的顶点子集使得不在该子集中的其他顶点都与该子集的顶点有边相连。MDS 问题有很多变型问题，如最小加权支配集问题[33, 34]、最小独立支配集问题[35, 36]等。这些寻找最小基数的支配集都是 NP 难问题[37]。支配问题是一类很著名的组合问题，近年来图的支配问题以及一些相关问题是图论中一个非常活跃的研究领域。图的支配问题不仅有很重要的理论意义，而且在通信网络的设计与分析、无线传感器网络、社会科学、算法设计、电话交换网络和计算复杂性等很多领域也有着广泛的应用[38]。由于问题的难解性，很多学者研究如何用启发式算法来求解这些问题，并在合理的时间内找到一个最优解或次优解。

在无线网络中，若将所有的邻居都分配给一个节点会导致不平衡的分配。在这种情况下，可能导致网络阻塞交通瓶颈。因此，找到一个平衡分配至关重要，要想获得一个平衡分配，需要每个节点根据其负载来分配其他节点。这样每个顶点将引入一个容量概念，容量表示每个节点可以分配的最大节点数。这样的支配集，就需要满足每个节点所支配的节点数不能超过该节点的容量，带有这样约束的支配集称为有容量支配集（capacitated dominating set，CAPDS）。找一个最小基数的 CAPDS 问题就是最小有容量支配集（minimum capacitated dominating set，CAPMDS）问题。若每个节点的容量都设置为该节点的度，则 CAPMDS 问题就归约为 MDS 问题，所以 CAPMDS 是 MDS 的一个泛化问题，该问题也是一个 NP 难问题[37]。CAPMDS 问题不仅可用于节点分配，还可以应用于其他很多领域，如分布式数据库和分布式数据结构[39]。

节点的容量可以是固定的，即图中每个顶点的容量是一致的，也可以是变化的，即图中每个顶点的容量是不等的。在通信网络中，我们可以把一个节点的网络接口带宽作为节点的容量。在节点相似的同构网络中，每个节点的容量就是一致的, 而在节点包含不同的网络接口的异构网络中, 节点的带宽 (容量) 就是变化的。另一种可能就是节点电池的寿命决定了通信的范围 (即多少数据可以被该节点传送)。节约电池的电量来延长网络的寿命是无线网络的挑战之一。因此为确保电量少的节点的寿命, 应该给这样的节点分配较少的其他节点。

在文献[40]中, 还有其他类型的 CAPDS 的定义, 在该定义中引入了一个需求概念, 即每个顶点有一个需求和一个容量, 需求是每个节点至少分配其他节点的数目, 容量是每个节点至多分配其他节点的数目。本书只研究了 CAPDS 问题, 没有考虑节点的需求。我们在一般图和单位圆盘图上都测试了固定容量和变化容量的实例。单位圆盘图通常用于无线通信网络的建模。

在过去的十年里, 很多学者提出近似算法求解 CAPMDS 问题。Kuhn 等提出了分布式近似算法分析变化容量的简单几何图[41]。Kao 等提出了对数近似算法求解分析变化容量的一般图[40]。Cygan 等提出了一个时间复杂度为 $O(1.89^n)$、空间复杂度为多项式的近似算法[42]。Liedloff 等又将时间复杂度降低了, 变为 $O(1.8463^n)$ [43]。Becker 提出了一个多项式时间的近似算法分析平面图[44]。这些近似算法无法保证解的质量, 近年来, 有些学者专注于用启发式算法在合理的时间内找到一个最优解或者次优解。Potluri 等提出了贪婪启发式算法求解 CAPMDS 问题[45]。文献[46]提出两个元启发式算法, 据我们所知, 目前为止这两个元启发式算法是求解 CAPMDS 的最好启发式算法。

然而, 这些启发式算法仍处于初级阶段, 例如, 现有的顶点打分机制大多是静态打分机制。换言之, 在局部搜索过程中, 顶点的分数不会改变, 这样很容易使算法陷入局部最优。以前的算法只采用了随机策略来确定每个顶点支配哪些邻居顶点, 这样不够贪婪使算法不能找到很好的解。而且该问题还会存在冗余现象, 即多个顶点支配相同的顶点, 这样也阻止算法找到最优解。基于此, 我们设计了 LS_PD 算法来求解该问题, 希望能够弥补上述不足[47]。

1.3.3 最小连通支配集问题

无线网络包括无线自组织网络和无线传感器网络, 近年来, 无线网络吸引了越来越多的关注，它们被广泛应用于军用和民用领域，如战场、灾难复原、会议、音乐会、环境监测和医疗应用等[48]。无线自组织网络是一种多跳的自组织自治网络，不依赖于任何现有的或预定义的网络基础设施，终端可以在任意地点部署。传感器用于收集光强、声音或温度等物理参数。无线传感器网络是分散的分布式系统，许多传感器用随机的方式被密集地部署在监控区。

一个无向图 $G(V,E)$ 通常用来表示一个无线网络。V 表示网络中的移动主机，E 表示网络中的连接。假设所有的主机都部署在一个二维平面图中，最大的传输距离相同，都为 R，则网络拓扑图可建模为一个无向单位圆盘图[49]，否则就是一般图[50]。在图论的背景下，我们称一个主机为一个顶点，如果顶点 u 和 v 之间的距离小于 R，则两个顶点之间存在边。由于无线网络没有物理骨干，许多研究者提出了虚拟骨干的概念。虚拟骨干组织普通节点的层次结构可以保证可伸缩性和效率[51]。找到一个给定图的连通支配集（connected dominating set，CDS）是构造虚拟骨干的一个有效方法。

给定一个无向连通图，CDS 是寻找一个顶点子集使得不在该子集中的其他顶点都与该子集中的顶点有边相连，并且该子集的诱导子图是连通图。在 CDS 的帮助下，路由变得更容易，可以迅速适应拓扑变化，并且只需要维护 CDS 中顶点的路由信息。路由的搜索空间被简化为在 CDS 内选择。最小连通支配集（minimum connected dominating set，MCDS）问题是找一个顶点子集使得不在该子集中的其他顶点都与该子集的顶点有边相连，并且满足该子集的诱导子图是连通的，该问题也是 NP 难的[37]。1979 年，CDS 作为虚拟骨干由 Ephremides 等首次提出[52]。从那以后，许多构造 CDS 的算法被提出，根据网络信息分类算法可分为四类：集中式算法、单领导分布式算法、多领导分布式算法、局部算法。

Guha 等首次给出了在一般图上构造 CDS 的两个集中式算法，算法的近似比为 $O(\ln \Delta)$ [53]。Das 等首次提出将集中式算法用于求虚拟骨干并应用于路由[51]。集中式算法需要整个网络的全局信息，因此，该算法不适合没有集中控制的无线传感器网络。无线传感器网络中，基于单领导和多领导的分布式算法可构造 CDS。

多领导分布式算法在构造 CDS 过程中不需要一个初始节点（即无领导）。Alzoubi 等首先用无领导分布式算法构造一个极大独立集，然后连接极大独立集中的顶点得到一个 CDS[54]。Wu 等用一个标记方法寻找构成极大独立集中的顶点，从而确定 CDS，然后用两个剪枝规则减去冗余的顶点[55]。在局部算法构造 CDS 中，Adjih 等提出了一个基于多点传送的构造小基数的 CDS 方法，但是没有对该算法的近似分析[56]。研究者开发了很多基于多点传送的局部构造 CDS 的方法。局部算法没有一个近似的保证，因此很没有竞争力。

单领导分布式算法在构造 CDS 过程中需要一个初始领导。在无线传感器网络中，一个基站可以作为一个领导者来构造 CDS。在分布式算法构造过程中，先找一个极大独立集，然后连接极大独立集中的顶点构成一个 CDS。Wan 等以领导为根节点，构造了一个支配树，从而获得一个构造 CDS 的方法[57]。Li 等提出了一个更优的单领导分布式算法，先构造极大独立集，然后用斯坦纳树方法将独立集中的顶点连接，得到了更好的近似比[58]。

以上近似算法无法保证解的质量，因此很多学者研究高效的启发式算法求解 MCDS 问题。求解 MCDS 问题的启发式算法有带有禁忌策略的模拟退火算法[59]、神经网络方法[60]、蚁群优化算法[61, 62]。现有的几个启发式算法的求解效率不高，因此本书设计了求解 MCDS 的 GRASP 算法[63]。

MCDS 问题等价于最多叶子生成树问题（maximum leaf spanning tree problem，MLSTP）。MLSTP 是在一个无向连通图中找出一棵生成树，并满足该生成树具有最多的叶子节点（叶子节点指生成树中度为 1 的节点）[64]。事实上，给定一个无向连通图 $G(V,E)$ 和该图的一个连通支配集 D，则 D 的诱导子图的生成树很容易确定。该生成树很容易扩展成图 G 的生成树，即 $V \setminus D$ 中所有顶点都为生成树的叶子节点。因此，对于图 G 的每个连通支配集 D，图 G 的具有 $|V|-|D|$ 个叶子节点的生成树也就找到了。如果 D 是一个最小连通支配集，则图 G 的最多叶子生成树就是 D 的诱导子图的生成树。所以，MCDS 问题和最多叶子生成树问题有相同的理论意义和应用价值，求解一个问题的方法也可以用来求解另外一个问题。

1.3.4　顶点覆盖与支配集之间的关系

给定一个无向图 $G(V,E)$，顶点覆盖是找一个顶点子集 C，使得图中每条边的两个端点至少有一个在 C 中。极小顶点覆盖是一个顶点覆盖 C 并且 C 的任何一个真子集都不再是顶点覆盖。最小顶点覆盖是最小基数的顶点覆盖。符号 $\alpha(G)$ 表示最小顶点覆盖的基数。

给定一个无向图 $G(V,E)$，独立集是找一个顶点子集 I，使得 I 中任意两个顶点之间不存在边。极大独立集是一个独立集 I 满足它不是任何一个独立集的真子集。最大独立集是最大基数的独立集。符号 $\beta(G)$ 表示最大独立集的基数。

给定一个无向图 $G(V,E)$，支配集是找一个顶点子集 D，使得 $V \backslash D$ 中的顶点至少与 D 中的一个顶点相连。极大支配集是一个支配集 D 并且 D 的任何一个真子集都不再是支配集。最小支配集是最小基数的支配集。符号 $\gamma(G)$ 表示最小支配集的基数。

定理 1.1　假设无向图 $G(V,E)$ 中无孤立顶点，顶点子集 C 是 G 的顶点覆盖当且仅当 $V \backslash C$ 是 G 的独立集[65]。

推论 1.1　假设无向图 $G(V,E)$ 中无孤立顶点，顶点子集 C 是 G 的最小（极小）顶点覆盖当且仅当 $V \backslash C$ 是 G 的最大（极大）独立集，从而有 $\alpha(G) + \beta(G) = n$，其中 n 为图 G 的顶点个数[65]。

由推论 1.1 可得出，最小顶点覆盖问题和最大独立集问题是等价的，求解其中一个问题的方法也可以用来求解另一个问题。

定理 1.2　假设无向图 $G(V,E)$ 中无孤立顶点，则 G 的极大独立集都是 G 的极小支配集[66]。

定理 1.3　假设无向图 $G(V,E)$ 中无孤立顶点，若顶点子集 I 是 G 的独立集，则 I 是 G 的极大独立集当且仅当 I 是 G 的支配集[66]。

定理 1.4　对于无向连通图 $G(V,E)$，若顶点子集 C 是 G 的顶点覆盖，则 C 也是 G 的支配集[67]。

由定理 1.2～定理 1.4 可知，在某些情况对解的要求不高时，可以用求解独立集问题的方法来求解支配集问题，由定理 1.1 和定理 1.2 可知，可用求顶点覆盖问题的方法求解独立集问题，因此也可以用求解顶点覆盖问题的方法来求解支配集问题。有时构造支配集也会用到独立集的相关概念。

1.4 本书的研究内容和贡献

本书主要讨论最小加权顶点覆盖问题、最小有容量支配集问题、最小连通支配集问题的局部搜索算法求解，设计它们高效的求解算法。三个问题都是经典的组合优化问题，也都属于覆盖问题，三个问题之间还存在着密切的联系，并且在网络等领域都有重要的应用。

首先，本书研究了 MWVC 问题，针对该问题，我们提出了三个新的局部搜索策略。策略 1：动态打分策略。在此策略中，图的每条边有一个动态权值，该权值在局部搜索过程中动态改变，从而会影响顶点的分数，顶点的分数会改变局部搜索的方向，从而能够使算法有效地跳出局部最优，找到更好的解。策略 2：加权格局检测策略。该策略用于减少局部搜索中的循环问题，此策略考虑了每个顶点的格局（环境信息），即当一个顶点从候选解中删除后，若该点的所有邻居顶点的状态和该点关联边的权重均没有发生变化，则这样的顶点不允许加入当前候选解中。策略 3：顶点选择策略。基于动态打分策略和加权格局检测策略，我们提出了顶点选择策略，该策略决定在局部搜索过程中选哪些顶点加入候选解或移出候选解，选择恰当的顶点会使算法向更优的方向进行。

根据以上三个策略，我们设计了 DLSWCC 算法求解 MWVC 问题。将 DLSWCC 算法和现有最好的算法在大量的标准实例上进行对比，实验结果表明了 DLSWCC 算法的有效性。我们还对 DLSWCC 算法不同版本进行了测试，实验结果表明，我们提出的加权格局检测策略和动态打分策略可以有效地帮助算法跳出局部最优。

其次，本书设计了求解 CAPMDS 问题的局部搜索算法。针对该问题，提出了基于顶点惩罚的打分策略、两种模式的被支配顶点选择策略和强化策略。策略 1：基于顶点惩罚的打分策略。在该策略中，每个顶点对应一个正整数罚值，当局部搜索算法陷入局部最优时增加当前未被支配顶点的罚值，罚值的改变会影响顶点的分数，会使算法选择恰当的顶点来支配未被支配的顶点，从而跳出局部最优。策略 2：两种模式的被支配顶点选择策略。由于该问题有容量限制，即每个顶点支配其他顶点的数量是有限的，当一个顶点被加入候选解中时，该顶点支配其他顶点的选择将会影响算法效率。在该策略中，以 p 的概率随机选择，以 $1-p$ 的概率贪婪选择。策略 3：强化策略。每个顶点支配其他顶点的数量有限，所以充分利用每个顶点的容量会提高算法性能，在搜索过程中存在一个顶点同时被多个顶点支配的现象，强化策略可减少此类现象，提高每个顶点容量的利用率，从而提高算法的性能。

基于以上三个策略，我们设计了 LS_PD 算法求解 CAPMDS 问题。将 LS_PD 算法与当前最优算法在固定容量和变化容量的一般图及 UDG 上进行了对比。实验结果表明，无论固定容量还是变化容量，无论一般图还是 UDG，LS_PD 算法都优于现有算法。最后我们从实验结果和运行时间的分布验证了所提出的三个策略的有效性。

此外，本书设计了求解 MCDS 问题的局部搜索算法，该问题的难点在于判断候选解是否连通，如果不连通怎样能使其变为连通。为保证候选解的连通性，我们引入了候选顶点集合、解的连接元素集合两个概念。在构造初始候选解过程中，候选顶点集合存放候选解中顶点的邻居，加入该集合中的顶点不会破坏候选解的连通性。在局部搜索过程中，若候选解不连通，将其每个连通分量中顶点的邻居求交集，从此交集中删掉候选解内顶点，则得到解的连通元素集合。除此之外，我们还用了评估函数和禁忌策略，其中评估函数帮助算法确定加入候选解或移出候选解的顶点，禁忌策略用来避免算法陷入循环搜索。

结合两个集合以及评估函数和禁忌策略实现了 GRASP 算法。我们将 GRASP 算法与现有求解 MCDS 的最优启发式算法和精确算法进行对比。实验结果表明，GRASP 算法在 LPRNMR 实例和随机实例上都能找到现有最优解或者优于现有最优解。在 MLSTP 实例上，GRASP 算法能找到大多数实例的最优解，只有少数稀疏图无法找到最优解。

第2章 局部搜索算法

很多组合优化问题被证明是 NP 难的，通常认为 NP 难问题在多项式时间内不能找到最优解[37]。因此，很多学者对启发式算法很感兴趣，启发式算法可以在合理的时间内找到近似最优解。局部搜索算法是一种重要的求解组合优化问题的启发式算法，由于其简单且易于理解的性质已受到越来越广泛的重视。本章介绍局部搜索算法的基础知识，包括一些基础概念、核心技术以及简单的局部搜索例子。

2.1 局部搜索概述

局部搜索算法用来求解组合优化问题已有很长的历史，可以追溯到 20 世纪 50 年代末。边交换算法最早被提出并用来求解旅行商问题，可参考文献 [68]～[71]。在随后的几年，局部搜索的应用范围逐渐扩大，带有交换策略的算法成功应用于很多其他问题，如调度问题[72, 73]、图分割问题[74]。Nicholson 将交换策略扩展到一类更通用的排列问题上，如网络布局设计、车辆路径、下料问题[75]。除了早期的成功应用之外，局部搜索很长一段时间被认为是一项不成熟的技术。这是因为这些成功的应用仅仅只归因于它的实际应用，在概念方面没有任何进展。在过去的 30 多年里，研究者又对其重新燃起了兴趣，是由于以下三个原因。

（1）很多局部搜索算法的变形被学者提出，这些都是基于模拟自然过程或受其他学科启发，如统计物理学、生物进化、神经生理学。从而诞生了很多新算法，著名的有模拟退火算法[76]、遗传算法[77]和神经网络[78]及其一些变形等。

（2）从理论角度考虑，一些新提出的局部搜索算法可以对此进行数学建模，可产生理论结果。一个很著名的例子就是模拟退火算法是基于马尔可夫链建模的[79]。

（3）从实际角度考虑，计算资源和复杂数据结构的大量增加使得局部搜索算法与其他算法相比有很强的竞争性，尤其是处理大规模实例时。此外，局部搜索算法的灵活性和易于实现性使其成功地处理了许多复杂的实际问题。

到目前为止，局部搜索算法的研究已在统计学、人工智能、运筹学等许多领域展开。同时，局部搜索算法在这些领域发挥了突出作用，迅速成为各自主流学术课程的一部分。

2.2　基　本　概　念

局部搜索算法是求解组合优化问题的一种启发式算法。一些求解起来非常复杂的组合优化问题，如各种 NP 完全问题、NP 难问题，找到最优解需要的时间随着问题规模呈指数增长，因此产生了各种启发式算法来寻找次优解，这是一种以时间换精度的思想。这些启发式算法都是近似算法，局部搜索算法就是其中的一种算法。该算法从一个初始候选解开始，根据邻域结构的定义，产生其邻居候选解集，根据评估函数判断邻居候选解的质量，根据某个策略，来选择邻居候选解（从当前候选解移动到另一个邻居候选解），重复上述过程，直到满足终止条件。不同局部搜索算法的主要区别在于：评估函数、邻域结构的定义和选择邻居候选解的策略，这也是决定算法好坏的关键，好的邻域结构定义和选择邻居候选解策略使得算法能够很好地平衡集中性和多样性。

给定一个组合优化问题，一个求解该问题的任意实例 π 的局部搜索算法可形式化定义如下[80]。

（1）搜索空间 $X(\pi)$：是所有候选解的有限集合，一个候选解 $x \in X(\pi)$ 可以表示为位置、点、编排或状态等。

（2）可行解集合 $S(\pi) \subseteq X(\pi)$：该集合中的元素都是满足组合优化问题约束的候选解。可行解不一定是最优解，但最优解一定是可行解。

（3）邻域结构 $N(\pi) \subseteq X(\pi) \times X(\pi)$：定义什么样的候选解互为邻居。

（4）初始化函数 $\text{init}(\pi)$：$\emptyset \mapsto D(X(\pi))$：初始化函数定义了候选解集合的一个概率分布，从而可确定算法选择哪个候选解作为初始候选解。

（5）状态转移函数 $\text{step}(\pi)$：$X(\pi) \mapsto D(X(\pi))$：状态转移函数把每个候选解

映射到候选解集合的一个概率分布,从而算法可确定下一次迭代将访问的候选解。一次状态转移也称为一次迭代搜索。

（6）终止检测函数 terminate(π)：定义了一个检查搜索是否达到指定的目标位置的函数。

通常,局部搜索算法会用一个评估函数 $g: X \mapsto R$ 来评估候选解的质量。这里介绍的评估函数是针对算法而言的,而定义 1.1 介绍的目标函数是针对问题而言的。在研究局部搜索算法时,还需要介绍两个重要的概念：局部最优解和全局最优解（图 2.1）。我们以最小化问题为例给出两个概念的定义。

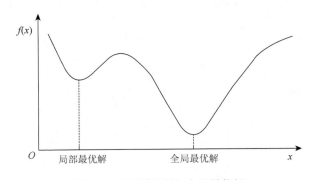

图 2.1　局部最优解与全局最优解

定义 2.1（局部最优解,local optimum）　设 (S, X, f) 为组合优化问题的一个实例, $x_{\text{l\_opt}} \in S$,若 $f(x_{\text{l\_opt}}) \leqslant f(x)$,对所有 $x \in N(x_{\text{l\_opt}})$ 成立,其中 $N(x_{\text{l\_opt}})$ 表示候选解 $x_{\text{l\_opt}}$ 的邻居解集合,则称 $x_{\text{l\_opt}}$ 为最小化问题 $\min f(x), x \in S$ 的局部最优解。在最小化问题中也称为局部最小解（local minimum）。

定义 2.2（全局最优解,global optimum）　设 (S, X, f) 为组合优化问题的一个实例, $x_{\text{g\_opt}} \in S$,若 $f(x_{\text{g\_opt}}) \leqslant f(x)$,对所有 $x \in S$ 成立,则称 $x_{\text{g\_opt}}$ 为最小化问题 $\min f(x), x \in S$ 的全局最优解。在最小化问题中也称为全局最小解（global minimum）。

根据以上的描述,对于一个最小优化问题 (S, X, f) ,一个局部搜索算法求解的过程可以用算法 2.1 描述。在该算法中,先初始化候选解,用 x^* 记录全局最优解。主循环（第 5～10 行）执行到满足搜索达到指定的目标位置。循环中先调用状态转移函数,从当前候选解的邻居中确定一个作为下一次迭代将访问的候选解,并判断该邻居解是否优于全局最优解,若优于则更新全局最优解。

算法 2.1　局部搜索算法求最小化问题

LS_Minimize(π)

1. **Input**: problem instance π

2. **Output**: solution $x \in S(\pi)$ or $\varnothing$

3. $x = \text{init}(\pi)$;

4. $x^* = x$;

5. **while** not terminate(π, x) **do**

6. 　　$x = \text{step}(\pi, x)$;

7. 　　**if** $f(\pi, x) < f(\pi, x^*)$ **then**

8. 　　　$x^* = x$;
9. 　　**end if**

10. **end while**

11. **if** $x^* \in S(\pi)$ **then**

12. 　　**return** x^* ;

13. **else**

14. 　　**return** $\varnothing$;

15. **end if**

定义 2.3（解部件,solution components）　组合优化问题的候选解由若干个解部件构成,如最小加权顶点覆盖问题中,每个顶点都是一个解部件。

2.3　局部搜索算法简介

局部搜索算法是求解困难组合优化问题使用最广泛的算法。不同局部搜索算法的差别主要在于评估函数、邻域结构以及状态转移函数的设计。好的设计可以正确地引导搜索方向,使算法快速准确地找到最优解或次优解。反之,不但算法经常出现循环搜索现象,而且容易陷入局部最优,使得算法无法快速找到最优解或次优解。下面先介绍两个基础的局部搜索算法。

（1）迭代改进[81, 82]（iterative improvement,II）:也称爬山算法,每次迭代从

当前候选解的所有邻居候选解中选择一个（优于当前候选解）进行转移，直到搜索到一个局部最优解，如算法 2.2 所示。

算法 2.2　迭代改进搜索算法框架

Iterative Improvement()

---

1. determine initial candidate solution x；

2. **while** x is not a local optimum

3. 　　　choose a neighbor x' of x such that $g(x') < g(x)$；

4. 　　　$x \leftarrow x'$；

5. **end while**

（2）变邻域下降[83, 84]（variable neighbourhood descent，VND）：首先定义 k 个不同的邻域结构 $N_1, N_2, \cdots, N_k$，然后算法在 N_1 结构上每次从邻居候选解中选择一个最优候选解，直到达到局部最优解，接下来在 N_2 结构上进行迭代改进搜索，以此类推，直到 k 个邻域结构上都达到了一个局部最优解时停止搜索，如算法 2.3 所示。

算法 2.3　变邻域下降搜索算法框架

Variable Neighbourhood Descent()

---

1. determine initial candidate solution x；

2. $i \leftarrow 1$；

3. **repeat**

4. 　　　choose a most improving neighbor x' of x in N_i；

5. 　　　**if** $g(x') < g(x)$

6. 　　　　　　$x \leftarrow x'$；

7. 　　　　　　$i \leftarrow 1$；

8. 　　　**else**

9. 　　　　　　$i \leftarrow i + 1$；

10. **until** $i > k$

迭代改进搜索每次都选一个优于当前候选解的邻居候选解进行访问，搜索到局部最优解时停止搜索，这样的搜索算法没有一个跳出局部最优解的机制，算法的性能很依赖初始解。由于局部最优解是对某个确定的邻域结构而言，换言之，某个候选解在一个邻域结构上是局部最优解，而在另外一个不同的邻域结构上很有可能就不是局部最优解。根据这个性质，设计出变邻域下降搜索，该搜索就是先在 N_1 结构上进行迭代改进搜索，然后分别在其他邻域结构上进行迭代改进搜索，直到 k 个邻域结构上都达到了局部最优解。变邻域下降方法比迭代改进方法搜索的邻域更广，但两种方法都没有跳出局部最优解的机制。下面介绍几种简单的具有跳出局部最优策略的局部搜索算法。

（3）随机迭代改进[85, 86]（randomised iterative improvement，RII）搜索：每次搜索时先生成一个随机数 wp $\in [0,1]$，然后以 wp 的概率从当前候选解的所有邻居候选解中随机选取一个进行转移，以 $1-$ wp 的概率从当前候选解的所有邻居候选解中选择一个（优于当前候选解）进行转移，如果不存在这样的候选解，则选择邻居候选解中最优的进行转移，如算法 2.4 所示。

算法 2.4　随机迭代改进搜索算法框架

Randomised Iterative Improvement()

1. determine initial candidate solution x ;

2. **while** termination condition is not satisfied

3. 　　**if** rand$(0,1) <$ wp

4. 　　　　choose a neighbor x' of x uniformly at random;

5. 　　**else**

6. 　　　　choose a neighbor x' of x such that $g(x') < g(x)$ or if no such x' exists, choose x' such that $g(x')$ is minimal;

7. 　　　　$x \leftarrow x'$;

8. **end while**

（4）禁忌搜索[3, 87]（tabu search，TS）：每次搜索时从不在禁忌表的邻居候选解中选择一个最优候选解进行转移，如算法 2.5 所示。

算法 2.5　禁忌搜索算法框架

Tabu Search()

1. determine initial candidate solution x ;

2. **while** termination condition is not satisfied

3. 　　determine set N' of non-tabu neighbours of x ;

4. 　　choose a best improving candidate solution x' in N' ;

5. 　　update tabu attributes based on x' ;

6. 　　$x \leftarrow x'$;

7. **end while**

（5）动态局部搜索[88, 89]（dynamic local search，DLS）：在该算法中，每个解部件对应有一个罚函数值（简称罚值），罚值的改变会影响评估函数的值，动态局部搜索算法在陷入局部最优时会更新解部件的罚值，从而改变评估函数的值使算法跳出局部最优，如算法 2.6 所示。

算法 2.6　动态局部搜索算法框架

Dynamic Local Search()

1. determine initial candidate solution x ;

2. initialize penalties；

3. **while** termination condition is not satisfied

4. 　　compute modified evaluation function g' from g based on penalties；

5. 　　perform subsidiary local search on x using evaluation function g' ;

6. 　　update penalties based on x ;

7. **end while**

随机迭代改进搜索在迭代改进搜索上加入了随机策略，即以一定概率随机选择邻居候选解，并且当所有邻居中都没有优于当前候选解时（陷入局部最优），也接受质量变差的解，算法不会停留在局部最优解而会继续搜索。禁忌搜索算法中，每次记录部分历史访问过的候选解，避免很快地搜索近期刚访问过的候选解，从而能够有效地减少循环现象并且避免搜索陷入局部最优解。若对于某个固定的评估函数，搜索陷入局部最优解，此时改变解部件的罚值，评估函数的值也会随之改变，搜索就会跳出局部最优去寻找更优的解。动态局部搜索就采用了惩罚策略来跳出局部最优。在随机迭代改进搜索、禁忌搜索和动态局部搜索中，搜索的停止条件可以设置为达到最大迭代次数或达到所限制的 CPU 时间，而不是搜索到局部最优解。

上面介绍的是五种简单的局部搜索算法，结合简单局部搜索算法所形成的复合局部搜索算法往往在性能上会有很大的提高，这里介绍两个典型的例子：迭代局部搜索、贪婪随机自适应搜索。

（6）迭代局部搜索[90, 91]（iterative local search，ILS）：每次搜索时先用一个简单的局部搜索算法来搜索更好的候选解，直到达到局部最优；然后从当前候选解的所有邻居候选解中随机选取一个进行转移，此步骤执行若干次，达到扰动的目的，使得算法跳出局部最优进入一个新的搜索区域并继续搜索。迭代局部搜索相当于搜索若干个局部最优解，然后返回最好的那个，如算法 2.7 所示。

算法 2.7　迭代局部搜索算法框架

Iterative Local Search()

1. determine initial candidate solution x ;

2. perform subsidiary local search on x ;

3. **while** termination condition is not satisfied

4.　　$r \leftarrow x$;

5.　　perform perturbation on x ;

6.　　perform subsidiary local search on x ;

7.　　based on acceptance criterion，keep x or revert $x \leftarrow r$;

8. **end while**

（7）贪婪随机自适应搜索[92, 93]（greedy random adaptive search，GRAS）：该算法由两个过程构成，即贪婪随机构造过程和局部搜索过程。贪婪随机构造过程产生一个初始候选解，并通过局部搜索过程改进初始解直到达到局部最优，这两个过程不断反复执行直到满足算法停止条件，如算法 2.8 所示。

算法 2.8　贪婪随机自适应搜索算法框架

Greedy Random Adaptive Search()
1. **while** termination condition is not satisfied
2.　　　generate candidate solution x using subsidiary greedy randomized constructive search;
3.　　　perform subsidiary local search on x;
4. **end while**

迭代局部搜索中，当搜索陷入局部最优时，连续随机选择若干邻居候选解达到扰动的目的，从而使搜索跳出局部最优继续搜索。贪婪随机自适应搜索是一种用重启机制来跳出局部最优的算法，每当搜索陷入局部最优解时，就重新构造一个初始解对其进行搜索。

局部搜索算法还包括各种拟人拟物方法，如蚁群优化算法和进化算法，不同于上面七种基于单个候选解的局部搜索算法，这些算法都是同时处理多个候选解的（基于种群的）。下面介绍这两种算法。

（8）蚁群优化[94, 95]（ant colony optimisation，ACO）算法：蚂蚁根据初始的信息素构造初始候选解集（即种群），并通过局部搜索算法改进初始种群中的个体，然后根据初始候选解和改进的候选解来更新信息素，此过程反复执行直到满足停止条件，如算法 2.9 所示。

算法 2.9　蚁群优化算法框架

Ant Colony Optimisation()
1. initialize pheromone trails;
2. **while** termination condition is not satisfied
3.　　　generate population sp of candidate solutions using subsidiary randomized constructive search;
4.　　　perform subsidiary local search on sp;
5.　　　update pheromone trails based on sp;
6. **end while**

（9）进化算法[96, 97]（evolutionary algorithm，EA）：该算法首先初始化种群，然后对种群进行选择、交叉、变异操作，接下来更新种群，从而不断提高种群的质量，如算法 2.10 所示。

算法 2.10　进化算法框架

Evolutionary Algorithm()

1. determine initial population sp;

2. **while** termination condition is not satisfied

3. 　　generate set spr of new candidate solutions by recombination;

4. 　　generate set spm of new candidate solutions from spr and sp by mutation;

5. 　　select new population sp from candidate solutions in sp, spr and spm;

6. **end while**

　　蚁群优化算法是模拟自然界蚂蚁觅食过程的启发式算法，通过调整信息素来决定搜索的方向。进化算法是基于自然选择和自然遗传等生物进化机制的一种搜索算法。与普通的搜索方法一样，蚁群优化算法和进化算法也属于迭代算法，不同的是蚁群优化算法和进化算法在最优解的搜索过程中，一般是在原问题的一组候选解上改进到另一组较好的候选解，然后在这组改进的候选解上进一步改进。

　　另外，本书研究的局部搜索算法均是基于单个候选解的。通过相关文献可知，对于很多著名的 NP 难问题，如命题逻辑可满足性（satisfiability，SAT）问题、旅行商问题（travelling salesman problem，TSP）、最小顶点覆盖（MVC）问题等，目前求解这些问题最好的局部搜索算法均是基于单个候选解的，基于种群的局部搜索算法丰富了算法设计的思路，但目前没有明显优势。

2.4　局部搜索算法的核心技术

　　（1）邻居的定义：一般来说，选择一个适当的邻居关系对局部搜索算法的性能是至关重要的，通常，应针对不同的问题，定义对应的邻居关系。然而，有标准类型的邻居关系定义已成功应用在很多局部搜索算法中。k-交换邻居是使用最广泛的邻居关系类型之一，在该类型中如果两个候选解仅有 k 个不同的解部件，则称这两个候选解为邻居。例如，最小加权顶点覆盖问题中，原图的一个顶点子集就是一个候选解，向候选解中加入或删除一个顶点就得到邻居解，所以该问题的邻居就是 1-交换邻居。

（2）评估函数：为提高局部搜索算法的性能，需要有一种机制来指导搜索向最优解的方向进行。局部搜索算法会用一个评估函数 $g : X \mapsto R$ 来评估候选解的质量，从而引导搜索的方向。由此提供引导的有效性取决于评估函数的属性及所用的搜索机制。评估函数需要针对每个问题而设计，一般需要参考问题的搜索空间、候选解集和邻域结构等因素。利用局部搜索算法求解组合优化问题时，经常会用目标函数来作为评估函数，这样评估函数的值直接对应最终要优化的目标值。然而，在某些情况下评估函数和目标函数不一样时能更有效地引导搜索向更高质量的解进行。但设计评估函数时通常要满足评估函数值较小的候选解对应的目标函数值也较小。这样求解最小（大）优化问题才能搜索到目标函数值更小（大）的候选解。

（3）跳出局部最优的策略：在许多情况下，局部最优的陷入无法避免。对于一般的组合优化问题，局部最优解的质量通常不能满足需求，因此跳出局部最优的策略对于局部搜索算法非常重要。常见的跳出局部最优的策略有随机重启策略[98]、扰动策略[99]和随机游走策略[100]。随机重启策略使得算法从一个新的随机位置开始搜索，主动放弃之前搜索的信息，浪费了之前搜索的时间。扰动策略一般是从候选解中随机删除若干解部件，使算法既保留了一部分原来搜索的信息，又能够进入一个新的搜索区域。随机游走策略在算法陷入局部最优时，通过以一定概率允许搜索选择比当前候选解差或者和当前候选解相同质量的解，从而算法可能进入新的区域达到跳出局部最优的目的。总的来说，这几种跳出局部最优的策略都加入了随机因素。

（4）集中性和多样性（intensification and diversification）：近年来的研究表明，在局部搜索算法中，集中性与多样性策略非常重要[101]，而且是同等重要的。局部搜索算法可以看成这两种策略的有机结合。然而集中性与多样性又是矛盾的，因此如何解决两者之间的矛盾就成为一个重要的课题。局部搜索的集中性策略类似于贪婪的搜索方法，用于对当前搜索到的优良候选解的邻域做进一步更为充分的搜索，以期能够找到全局最优解。集中性搜索可以提高候选解，但容易使搜索陷入解空间的一个不包含全局最优的小区域内。搜索的多样性策略则用来拓宽搜索区域尤其是一些未知区域，特别是当搜索陷入局部最优解时，多样性搜索可改变搜索方向，使其能够跳出局部最优并防止算法被困在没有希望的区域，从而实现全局优化。多样性搜索可以增加解的多样性，但可能错过搜索空间中某个区域内的最优解。何时选择集中性搜索，何时选择多样性搜索常常难以确定。一个好的局部搜索算法应很好地平衡集中性和多样性，这样才能够快速地找到高质量的解。因此很多学者从集中性和多样性搜索的分配与转换是否合理来分析并改进局部搜索算法。

（5）循环问题：局部搜索算法在搜索过程中常重复地访问一些解，此现象被称为循环问题[102]，这不仅浪费了时间，还使算法经常陷入局部最优，降低了算法的性能。另外，若将之前访问过的解全部记录下来，虽然可以避免循环问题的出现，但这不仅需要指数级的存储空间，也需要大量的时间去匹配检查。所以，循环问题是局部搜索算法的固有问题，本质上不可消除。因此，有效地减少循环问题可以显著提高算法的性能，其实前面介绍的跳出局部最优的策略有时也可有效地避免循环问题，很好地平衡集中性和多样性搜索也可以有效地减少循环问题。因此，局部搜索算法的一个重要研究方向就是如何减少循环问题，目前已有很多策略为减少循环问题而提出，常见的有禁忌策略[103, 104]、格局检测策略[17]。

综上所述，设计一个高效的局部搜索算法，首先要对问题有深刻的理解。根据问题特点设计合适的评估函数和邻域结构，并且平衡好多样性搜索和集中性搜索，在算法陷入局部最优时，选择合适的策略跳出局部最优，在整个搜索过程中，用有效的策略来避免循环搜索，最终设计出一个高效的局部搜索算法。

2.5　本　章　小　结

本章对局部搜索算法做了全面的介绍。首先介绍了局部搜索算法的发展历史，然后介绍了局部搜索算法的相关概念，包括局部搜索算法、局部最优解和全局最优解。随后介绍了几种常见的局部搜索算法，其中，迭代改进搜索和变邻域下降搜索没有跳出局部最优解的策略，算法达到局部最优就停止搜索；随机迭代改进搜索、禁忌搜索和动态局部搜索加入了相应的策略使得算法能够有效地跳出局部最优解；迭代局部搜索和贪婪随机自适应搜索是前面几种简单的局部搜索算法的组合，在某些问题上算法性能较优；蚁群优化算法和进化算法是基于种群的优化算法，丰富了算法设计的思路，但目前很多对 NP 难问题的求解还是基于单个候选解的局部搜索算法效果更好。最后介绍了局部搜索算法的核心技术，包括邻居的定义、评估函数、跳出局部最优的策略、集中性和多样性的平衡及避免循环问题，为以后设计高性能的局部搜索算法提供了很好的指导方向。

第3章　最小加权顶点覆盖问题求解

本章介绍求解加权顶点覆盖问题的局部搜索算法——DLSWCC。DLSWCC算法使用边加权机制实现了动态打分策略使得算法能够跳出局部最优，使用加权格局检测策略来避免循环搜索现象。结合动态打分策略和加权格局检测策略实现了顶点选择策略，从而确定从候选解中删除或加入候选解中的顶点。根据以上策略设计出 DLSWCC 算法，实验结果表明，在时间和解的质量上该算法都要优于现有算法。在不同规模测试用例中都取得了一定的突破，在中等规模的实例上能找到 22 个新的上界（共 71 个实例），在大规模的实例上能找到 5 个新的上界（共 15 个实例），在超大图的实例上能找到 52 个新的上界（共 56 个实例）。这里面的超大图是一些现实生活中的实例，更具有实际意义。下面先介绍一些基本符号和定义。

3.1　基本符号和定义

一个无向图 $G(V,E)$ 由 n 个顶点、m 条边组成，其中，$V=\{v_1,v_2,\cdots,v_n\}$ 为顶点集；$E=\{e_1,e_2,\cdots,e_m\}$ 为边集。$e=\{v,u\}$ 表示连接顶点 v 和 u 的边，v 和 u 称为 e 的两个端点。对于一个无向顶点加权图 $G(V,E,w)$，每个顶点 $v_i(i=1,2,\cdots,n)$ 有一个权值 $w_i>0$。$N(v)=\{u\in V\,|\,(u,v)\in E\}$ 表示顶点 v 的开邻居集（简称邻域）。$N[v]=N(v)\bigcup\{v\}$ 表示顶点 v 的闭邻居集。$d(v)=|N(v)|$ 表示顶点 v 的度。若已知一个候选解 $C\subseteq V$，用 x_i 表示顶点 v_i 的状态，其中，$x_i=1$ 表示顶点 $v_i\in C$；$x_i=0$ 表示 $v_i\notin C$。后续章节中也用这些符号表示相同的含义。下面给出最小加权顶点覆盖问题及相关概念的定义。

定义 3.1（候选解，candidate solution）　对于最小加权顶点覆盖问题，给定一个无向图 $G(V,E)$，其中，V 为顶点集；E 为边集；一个顶点子集 $C\subseteq V$ 为图 G 的候选解。

定义 3.2[16]（覆盖，cover）　给定一个无向图 $G(V,E)$，其中，V 为顶点集；E 为边集；候选解为 $C \subseteq V$，如果边 $e = \{v,u\}$ 且 $(v \in C) \lor (u \in C)$ 为真，则称 C 覆盖 e。

定义 3.3（可行解，feasible solution）　对于最小加权顶点覆盖问题，给定一个无向图 $G(V,E)$，其中，V 为顶点集；E 为边集；候选解为 $C \subseteq V$，如果 C 能覆盖图 G 的所有边，则称 C 为图 G 的可行解。

定义 3.4[16]（顶点覆盖，vertex cover）　给定一个无向图 $G(V,E)$，其中，V 为顶点集；E 为边集；图 G 的顶点覆盖是顶点集的一个子集 $C \subseteq V$，使得 G 的每条边都被 C 覆盖。

定义 3.5[16]（最小顶点覆盖问题）　给定一个无向图 $G(V,E)$，其中，V 为顶点集；E 为边集；图 G 的最小顶点覆盖问题是找出一个最小基数的顶点覆盖。最小顶点覆盖问题可以用如下的整数规划形式来描述：

$$\text{Minimize} \sum_{v_i \in V} x_i \tag{3.1}$$

$$\text{s.t.} \quad x_i + x_j \geq 1, \quad \forall (v_i, v_j) \in E \tag{3.2}$$

$$x_i, x_j \in \{0,1\}, \quad \forall v_i, v_j \in V \tag{3.3}$$

其中，式（3.1）为目标函数，即寻找最小基数的顶点覆盖；式（3.2）保证每条边至少有一个端点在候选解中，使得边 (v_i, v_j) 被候选解覆盖；式（3.3）明确约束变量的取值范围。

图 3.1 给出了一个最小顶点覆盖的例子，图中含有 7 个顶点和 7 条边，顶点子集 $\{1,2,3,4,5,6,7\}$，$\{1,2,3,5\}$，$\{1,3,4,5\}$ 都是图 3.1 的顶点覆盖，但是子集 $\{1,3,5\}$ 为图 3.1 的一个最小顶点覆盖。可以看出 $\{3,4,5\}$ 也是图 3.1 的一个最小顶点覆盖，可见对于一个图最小顶点覆盖可能不唯一。

定义 3.6[25]（最小加权顶点覆盖问题）　给定一个无向顶点加权图 $G(V,E,w)$，其中，V 为顶点集；E 为边集；每个顶点 $v_i \in V$ 对应一个权重 w_i，图 G 的最小加权顶点覆盖问题是找出一个顶点覆盖使得在其中的顶点权重和最小。最小加权顶点覆盖问题可以用如下的整数规划形式来描述：

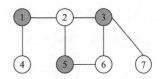

图 3.1　图中最小顶点覆盖为 $\{1, 3, 5\}$

$$\text{Minimize} \sum_{v_i \in V} x_i w_i \tag{3.4}$$

$$\text{s.t.} \quad x_i + x_j \geqslant 1, \quad \forall (v_i, v_j) \in E \tag{3.5}$$

$$x_i, x_j \in \{0,1\}, \quad \forall v_i, v_j \in V \tag{3.6}$$

其中，式（3.4）为目标函数，即寻找一个顶点覆盖使得在其中的顶点权重和最小，式（3.5）保证每条边至少有一个端点在候选解中，使得边 (v_i, v_j) 被候选解覆盖，式（3.6）明确约束变量的取值范围。

　　图 3.2 给出了一个最小加权顶点覆盖的例子，图 3.2 由 7 个顶点和 7 条边构成，每个顶点有一个正整数权值即图中的每个顶点的 w 值。顶点子集 {1,3,5} 中的顶点的权重和为 105，顶点子集 {3,4,5} 中的顶点的权重和为 107，它们都是图 3.2 的

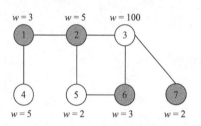

最小顶点覆盖。顶点子集 $\{1,2,6,7\}$ 也是图 3.2 的一个顶点覆盖，该子集中的顶点的权重和为 13，所以该子集是图 3.2 的最小加权顶点覆盖。因此对于最小加权顶点覆盖问题，并不是解中含有顶点个数越少解的质量越高。

图 3.2　图中最小加权顶点覆盖为 {1, 2, 6, 7}

3.2　基于动态边权的打分策略

　　给定一个候选顶点集，选择从候选解中删除哪些顶点或者选择将哪些顶点加入候选解中，对搜索的效率起着至关重要的作用。一般情况下，每个顶点都有一个分数，算法参考分数来确定选择哪个顶点。现有的顶点打分策略均是静态打分，这意味着在整个搜索的过程中顶点的分数都不会因为边的权重变化而改变。静态打分在搜索陷入局部最优时，很难有效地跳出局部最优，因此本节提出了顶点的动态打分策略来衡量改变顶点状态的收益。动态打分策略和 3.3 节介绍的加权格局检测策略共同确定选择从候选解中删除哪些顶点或者选择将哪些顶点加入候选解中。在介绍动态打分策略前，先介绍一下动态边权的定义。

3.2.1　动态边权

动态边权是顶点打分策略的一个关键部分。具体地，每条边有一个正整数，被称为动态边权。在 DLSWCC 算法搜索过程中，每次迭代最后未被候选解覆盖的边的动态边权就增加 1，从而可以避免算法陷入局部最优解。

定义 3.7（动态边权，dynamic weight）　给定一个无向图 $G(V, E)$，每条边 $e \in E$ 都有一个权值 dynamic_weight(e)，在搜索过程中边权值动态更新。

两条动态边权的更新规则如下。

Weight_Rule 1：在初始化阶段，每条边 $e \in E$ 的动态边权 dynamic_weight(e) 初始为 1。

Weight_Rule 2：在每次循环迭代的最后，判断每条边 $e \in E$ 是否被当前候选解覆盖，如果边 e 没有被覆盖，则 dynamic_weight(e) 加 1。

3.2.2　打分策略

选择哪个顶点加入候选解或者移出候选解对搜索很关键，每个顶点的分数在顶点的选择时有着重要的作用。下面介绍每个顶点如何打分。

已知一个候选解 $C \subseteq V$，评估候选解的函数定义如下：

$$\text{cost}(C) = \sum_{\text{cover}(e,C)=\text{false} \wedge e \in E} \text{dynamic\_weight}(e) \tag{3.7}$$

式中，布尔函数 cover(e, C) 表示边 e 是否被候选解 C 覆盖，即边 e 是否至少存在一个端点在候选解 C 中；cost(C) 为未被覆盖边的权重和，用来衡量候选解 C 的质量，cost(C) 值越小表明候选解 C 的质量越好，当 cost(C) 值为 0 时，候选解 C 为可行解。

已知一个候选解 $C \subseteq V$，评估顶点状态改变的函数定义如下：

$$\text{score}(v) = \frac{\text{cost}(C) - \text{cost}(C')}{w(v)} \tag{3.8}$$

式中，如果 $v \in C$，则 $C' = C \setminus \{v\}$，否则 $C' = C \cup \{v\}$；$w(v)$ 为顶点 v 的权重；score(v)

为改变顶点 v 的状态后的收益。该打分函数同时考虑了候选解的评估函数值和顶点的权重。很显然，如果 $v \in C$，则 $\text{score}(v) \leqslant 0$，否则， $\text{score}(v) > 0$。

由式（3.8）可以看出，如果搜索陷入局部最优，根据 Weight_Rule 2，未被覆盖的边的权重将要增加，因此，未被覆盖边所关联的顶点的分数就会增加，该点被加入候选解的机会就变大，从而跳出局部最优，使搜索向着更优的方向进行。

3.2.3　快速增量评估技术

需要指出的是，动态打分策略对于大规模的实例也很重要，因为动态打分策略能够很有效地跳出局部最优。然而，对于大规模的实例，动态打分策略的实现效率很关键。在向候选解加入顶点或者从候选解中删除顶点之后，算法运用了快速增量评估技术来更新顶点的分数。下面先给出每个顶点 $v \in V$ 初始分数的计算公式：

$$\text{score}_0(v) = \frac{d(v)}{w(v)} \qquad (3.9)$$

式中， $d(v)$ 为顶点 v 的度，初始化时每条边的动态权重均为 1； $w(v)$ 为顶点的权重。

假设在局部搜索的第 i 次迭代时，顶点 v 的分数用 $\text{score}_i(v)$ 表示。如果向候选解中加入顶点 v 或者从候选解中删除顶点 v，只需要更新顶点 v 及其邻居的分数。

顶点 v 的分数更新公式：

$$\text{score}_{i+1}(v) = -\text{score}_i(v) \qquad (3.10)$$

顶点 v 邻居 $u \in N(v)$ 的分数更新公式：

$$\text{score}_{i+1}(u) = \begin{cases} \text{score}_i(u) - \dfrac{\text{dynamic\_weight}(u,v)}{w(u)}, & (u \in C) \oplus (v \in C) = \text{真} \\ \text{score}_i(u) + \dfrac{\text{dynamic\_weight}(u,v)}{w(u)}, & \text{其他} \end{cases} \qquad (3.11)$$

其他顶点 v'（不在 v 的闭邻居集 $N[v]$ 中）的分数不改变：

$$\text{score}_{i+1}(v') = \text{score}_i(v') \qquad (3.12)$$

为更清楚地表达快速增量评估技术，下面用一个例子来说明它。

例 3.1　如图 3.3 所示，无向图由 5 个顶点和 4 条边组成。不妨假设每个顶点的权重均为 1，当前候选解包含顶点 b 和 d，$C=\{b,d\}$。在当前状态下，假设每条边的动态权重为 dynamic_weight$(a,b)=1$，dynamic_weight$(a,c)=3$，dynamic_weight$(a,d)=2$，dynamic_weight$(d,e)=3$。假设当前为局部搜索的第 i 次迭代，根据式（3.8），可计算出每个顶点的分数，score$_i(a)=3$，score$_i(b)=-1$，score$_i(c)=3$，score$_i(d)=-5$，score$_i(e)=0$。如果算法向候选解中加入顶点 a，不需要更新所有顶点的分数，而只需要更新顶点 a 和它的邻居的分数。根据式（3.10），顶点 a 的分数更新之后为 score$_{i+1}(a)=-$score$_i(a)=-3$。顶点 b、c 和 d 是顶点 a 的邻居，它们的分数也需要更新。根据式（3.11），可得出 score$_{i+1}(b)=$score$_i(b)+$dynamic_weight$(a,b)=0$，　score$_{i+1}(c)=$score$_i(c)-$dynamic_weight$(a,c)=0$，score$_{i+1}(d)=$score$_i(d)+$dynamic_weight$(a,d)=-3$。根据式（3.12），其他顶点的分数不需要更新，因此 score$_{i+1}(e)=$score$_i(e)=0$。如果算法从候选解中删除一个顶点，分数的更新方法类似。

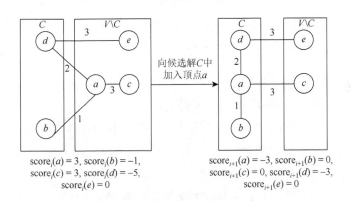

图 3.3　快速增量评估技术示例

命题 3.1　在向候选解中加入顶点或者从候选解中删除顶点后，快速增量评估技术更新分数的时间复杂度是线性的。

证明　首先证明快速增量评估技术的正确性，此处考虑从候选解中删除一个顶点 v 的情况。假设当前搜索为第 i 次迭代，候选解为 C，$v\in C$，score$_i(v)=\dfrac{\text{cost}(C)-\text{cost}(C')}{w(v)}=k$，其中 $C'=C\setminus\{v\}$。如果算法选择顶点 v 并将 v 从候选解中删除，则会得到候选解 C'。根据式（3.8），$\text{score}_{i+1}(v) = \dfrac{\text{cost}(C') - \text{cost}(C'')}{w(v)}$，其中

$C'' = C' \bigcup \{v\} = C$，因此，$\text{score}_{i+1}(v) = -k$。对于顶点 v 的邻居顶点 $u \in N(v)$，假设 $\text{score}_i(u) = m$，$\text{dynamic\_weight}(v,u) = n$。第一种情况假设 u 在候选解中，则边 (v,u) 被顶点 v 和 u 同时覆盖。如果算法选择将顶点 v 移出候选解，则边 (v,u) 将只被顶点 u 覆盖，在下一次迭代时，如果将顶点 u 移出候选解，则边 (v,u) 将变为未覆盖的边，因此 $\text{score}_{i+1}(u) = \text{score}_i(u) - \text{dynamic\_weight}(v,u) = m - n$。第二种情况假设 u 不在解中，则边 (v,u) 只被顶点 v 覆盖。如果算法选择将顶点 v 移出候选解，则边 (v,u) 将变为未覆盖的，在下一次迭代时，如果将顶点 u 加入候选解，则边 (v,u) 将被顶点 u 覆盖，因此，$\text{score}_{i+1}(u) = \text{score}_i(u) + \text{dynamic\_weight}(v,u) = m + n$。对于其他既不是顶点 v 又不是 v 的邻居的顶点 v'，如果算法选择将顶点 v 移出候选解，被顶点 v' 覆盖的边数不会改变，因此，v' 的分数也不会改变，即 $\text{score}_{i+1}(v') = \text{score}_i(v')$。

下面分析快速增量评估技术的时间复杂度。该技术是基于式（3.10）～式（3.12）实现的。如果算法顶点 v 移出候选解，只需要更新顶点 v 及其邻居顶点的分数。根据式（3.10），$\text{score}(v)$ 更新为原来分数的相反数；根据式（3.11），顶点 v 的邻居的分数更新为原来分数加上或减去一个整数；根据式（3.12），其他顶点的分数不需要更新。因此，最坏情况下的时间复杂度取决于顶点 v 的邻居个数。可以很容易得出快速增量评估技术的时间复杂度很低，即 $O(\Delta(V))$，其中 $\Delta(V) = \max\{d(v) \mid v \in V\}$。

3.3　加权格局检测策略

循环搜索即在搜索过程中重复搜索以前访问过的解，是局部搜索算法需要解决的一个很重要的问题。如果能有效地减少循环搜索，算法的效率将会有很大的提高。在文献[17]中，Cai 等提出了格局检测（configuration checking，CC）策略用于求解最小顶点覆盖问题，该策略可以有效地避免算法搜索曾经访问过的场景。在 CC 策略中，格局的定义是非加权格局，定义如下。

定义 3.8（非加权格局，unweighted configuration）　给定一个无向图 $G(V,E)$，

假设当前候选解为 C，顶点 v 的非加权格局是一个布尔向量 S，S 由 v 的所有邻居在当前候选解下的状态组成。

根据 CC 策略，假设当前候选解为 C，当要将未在候选解中的顶点 $v \notin C$ 加入候选解时，如果自顶点 v 上次从候选解中移除之后，v 的非加权格局一直没有改变（v 的环境保持不变），则 v 不允许加回候选解中。因为，在这种情况下，若将 v 加回候选解中，则算法很容易陷入一个曾经遇到过的场景，这样就很容易导致循环问题。

CC 策略可以很容易地直接应用到加权顶点覆盖问题中。定义一个布尔数组 config，config$[v]=1$ 表示自顶点 v 上次从候选解中移除之后 v 的非加权格局已经改变，则 v 可以加入候选解中，否则，config$[v]=0$，v 不可以加入候选解中。在初始化时，每个顶点 $v \in V$ 都允许加入候选解中，则顶点 v 的 CC 值赋为 1，即 config$[v]=1$。在搜索过程中，如果顶点 $v \notin C$ 被加入候选解中，顶点 v 的邻居 $u \in N(v)$ 的 CC 值赋为 1，即 config$[u]=1$。如果顶点 $v \in C$ 移出候选解，顶点 v 的 CC 值赋为 0，即 config$[v]=0$，顶点 v 的邻居 $u \in N(v)$ 的 CC 值赋为 1，即 config$[u]=1$。

然而，直接将 CC 策略应用到最小加权顶点覆盖问题上会严格地限制顶点加入候选解，从而会阻止搜索向更优的方向进行。换言之，原始的 CC 策略过于严格会影响搜索效果。3.2 节介绍了动态打分策略，并且图的每条边有一个权重。在搜索过程中，该权重动态改变，从而使搜索能够跳出局部最优。本书为了避免循环问题考虑了边的动态权重，使 CC 策略得到放松。下面介绍加权格局的定义。

定义 3.9（加权格局，weighted configuration） 给定一个边加权无向图 $G(V,E)$，假设当前候选解为 C，顶点 v 的加权格局是一个二元组 $\langle S,W \rangle$，S 是一个布尔向量，由 v 的所有邻居在当前候选解下的状态组成；W 是一个整数向量，由 v 所有关联边的权重组成。

本书根据定义 3.8 修改原始的 CC 策略，得到放松版本的 CC 策略，被称为加权的 CC（weighted configuration checking，WCC）策略。类似地定义一个布尔数组 wconfig，wconfig$[v]=1$ 表示自顶点 v 上次从候选解中移除之后，v 的加权格局已经改变，则 v 可以加入候选解中，否则，wconfig[v] = 0，v 不可以加入候选解中。wconfig 数组按照下面的规则更新。

WCC_Rule 1：在初始化阶段，对于每个顶点 $v \in V$，wconfig[v] = 1。

WCC_Rule 2：当从候选解中删除顶点 $v \in C$ 时，wconfig[v] = 0，对于顶点 v 的每个邻居 $u \in N(v)$，wconfig[u] = 1。

WCC_Rule 3：当向候选解中加入顶点 $v \notin C$ 时，对于顶点 v 的每个邻居 $u \in N(v)$，wconfig[u] = 1。

WCC_Rule 4：当更新边 $e = \{v, u\}$ 的动态权重时，wconfig[v] = 1，wconfig[u] = 1。

显然，一个顶点 $v \in V$ 的非加权格局和加权格局的主要区别在于，加权格局不仅考虑了顶点 v 所有邻居顶点在当前候选解下的状态，还考虑了顶点 v 关联边的权重，而非加权格局仅仅考虑了顶点 v 所有邻居顶点在当前候选解下的状态。因此，若一个顶点 v 可以加入候选解中，必须满足顶点 v 的邻居顶点状态有所改变或者顶点 v 关联边的权重有所改变。对于一个顶点 v，如果 config[v] = 1，本书称 v 是一个原始的 CC 变量（original configuration checking variable，OCCV），如果 wconfig[v] = 1，本书称 v 是一个加权的 CC 变量（weighted configuration checking variable，WCCV）。则很容易得出下面的命题。

命题 3.2 给定一个无向图 $G(V, E)$，在搜索过程中所有的 OCCV 都是 WCCV。

证明 在初始化阶段，每个顶点都既是 OCCV 又是 WCCV。在搜索阶段，如果向候选解中加入顶点 v 或者从候选解中删除顶点 v，则 v 的所有邻居顶点都既是 OCCV 又是 WCCV。如果更新边 e 的权重，则边 e 的两个端点是 WCCV 而不是 OCCV。所以，所有的 OCCV 都是 WCCV。

根据命题 3.2，可得知 WCCV 包含 OCCV。换言之，WCC 策略要比原始的 CC 策略放松。因此，算法可以加入一些有潜力的顶点，从而引导搜索到达更有前途的搜索空间。3.6.3 节的实验结果可以证明 WCC 策略的有效性。

3.4 顶点选择策略

通过运用 3.2 节介绍的顶点打分策略和 3.3 节介绍的加权格局检测策略，我们设计了顶点选择策略。在介绍顶点选择策略之前需要介绍一下每个顶点的年龄（age）的定义。顶点 v 的年龄被定义为自从 v 的状态最后一次改变后所经历的迭代次数。具体来说，顶点选择策略基于以下两个规则。

Remove_Rule：从候选解中选一个顶点 $v \in C$，满足 v 的分数最高。如果有多个最高分数相同的顶点，则选择最老的顶点，即年龄最大的顶点。

Add_Rule：从不在候选解集的顶点中选择一个顶点 $v \in V \setminus C$，满足 wconfig[v] = 1 且 v 的分数最高，如果有多个这样的顶点，则选择最老的顶点，即年龄最大的顶点。

从这两个规则可以看出，当选择一个顶点加入候选解时，本书选择分数最高的顶点。这样，该点加入候选解之后可以覆盖尽可能多的边，同时尽可能小的顶点权重被加入候选解中。另外，为了避免访问曾经搜索过的候选解，我们需要选择 WCC 值为 1 的顶点加入。当可选择的顶点有多个时，算法选择年龄最大的。对于从候选解中删除一个顶点，除了不需要选择 WCC 值为 1 的顶点，其他过程与向候选解中加入一个顶点类似。

3.5　DLSWCC 算法的描述

DLSWCC 算法遵循一般的局部搜索框架。首先，贪婪地构造初始候选解 C，然后调用局部搜索算法来提高初始候选解 C。本书用 $w(C)$ 表示候选解的目标值，$w(C) = \sum_{v \in C} w(v)$。目标值的上界（upper bound，UB）初始化为 $w(C)$。如果有更好质量的解存在，则这些解的目标值应该小于 UB。局部搜索提高目标值的过程就是求解新问题的过程，即给出原始问题和一个整数 UB，寻找一个满足目标值小于 UB，并且能覆盖所有边的候选解。如果候选解不能覆盖所有的边，则候选解为不可行的。本书的算法就是不断扰动一个目标值小于 UB 的不可行解，直到变为可行解。因此，当初始化候选解 C 构造完成后，先从 C 中删除一些点直到 C 变为目标值小于 UB 的不可行解。如果此过程中发现目标值小于 UB 的可行解，则更新 UB 和全局最优解 C^*。在每次迭代最后，如果候选解 C 是不可行解，需要更新边的动态权重，即未被覆盖边的动态权重加 1，从而使得很难覆盖的边在接下来的搜索中能够被优先覆盖。根据以上的阐述，DLSWCC 算法可用算法 3.1 描述。

算法 3.1　DLSWCC 算法框架

DLSWCC()

1. initialize wconfig array according to WCC_Rule 1；

2. initialize the dynamic_weight of each edge assigned as 1；

3. initialize the score of each vertex assigned as the degree divided by its weight；

4. initialize the candidate solution C greedily；

5. $UB \leftarrow w(C)$ ；

6. $C^* \leftarrow C$ ；

7. $\text{iter} \leftarrow 0$ ；

8. **while** stop criterion is not satisfied **do**

9. 　　**while** C covers all edges **then**

10. 　　　　$UB \leftarrow w(C)$ ；

11. 　　　　$C^* \leftarrow C$ ；

12. 　　　　$v \leftarrow x$ with the greatest score in C , breaking ties in favor of the oldest one；

13. 　　　　$C \leftarrow C \setminus \{v\}$ ；

14. 　　　　update wconfig array according to WCC_Rule 2；

15. 　　**end while**

16. 　　$v \leftarrow x$ with the greatest score in C and v is not in tabu_list , breaking ties in favor of the oldest one；

17. 　　$C \leftarrow C \setminus \{v\}$ ；

18. 　　update wconfig array according to WCC_Rule 2；

19. 　　clear tabu_list ；

20. 　　**while** C uncovers some edges **do**

21. 　　　　$v \leftarrow x$ with the greatest score not in C and $\text{wconfig}[x] = 1$, breaking ties in favor of the oldest one；

22. 　　　　**if** $w(C) + w(v) \geqslant UB$ **then** break；

23. 　　　　$C \leftarrow C \cup \{v\}$ ；

24. 　　　　update wconfig array according to WCC_Rule 3；

25. 　　　　$\text{dynamic\_weight}[e] \leftarrow \text{dynamic\_weight}[e] + 1$, for each uncovered edge；

26. 　　　　update wconfig array according to WCC_Rule 4；

27. 　　　　add v into tabu_list ；

28. 　　**end while**

29.　　　$iter \leftarrow iter + 1$;

30. **end while**

31. **return** C^* ;

在 DLSWCC 算法的初始化阶段，数组 wconfig 赋值为 1（第 1 行），表示加权格局检测策略在初始时允许任意顶点加入候选解中；每条边的动态权重 dynamic_weight 赋值为 1（第 2 行）；每个顶点的分数赋值为该顶点的度除以该顶点的权值（第 3 行）；然后用贪婪的方法构造初始候选解 C（第 4 行），即每次选择分数最大的顶点加入候选解中，若有多个分数最大的顶点，则随机选择一个顶点，直到候选解为一个可行解；计算初始候选解的目标函数值存入 UB 中（第 5 行）；C^* 存放全局最优解，初始化为候选解 C（第 6 行）；算法的迭代次数初始为 0（第 7 行）。

初始化阶段完成后进入局部搜索阶段，从第 8 行到第 30 行为外层循环，循环的停止条件为达到时间限制或最大迭代次数。若算法得到一个候选解 C 是可行解，即 C 覆盖所有的边，则更新 UB 和全局最优解 C^*（第 10、11 行），这里可以保证该次找到的可行解一定优于上次找到的可行解，接下来继续寻找更优的可行解。算法根据 Remove_Rule 规则选择分数最高的顶点，若有多个则选择年龄最大的顶点从候选解 C 中删除（第 12、13 行），一直删除到候选解 C 变为不可行解（有时会需要删除多个顶点，是因为候选解 C 中存在冗余的点，删除冗余的点，候选解 C 仍可以覆盖所有边）。根据 WCC_Rule 2 规则更新相关顶点的 WCC 值（第 14 行）。此外，再选择一个不在 tabu 表中且分数最高的顶点从候选解 C 中删除（第 16、17 行）。同样，根据 WCC_Rule 2 规则更新相关顶点的 WCC 值（第 18 行），然后清空 tabu 表（第 19 行）。

内层循环是从第 20 行到第 28 行，循环停止条件为候选解 C 变为可行解，即覆盖所有的边。根据 Add_Rule 规则，算法从 WCC 值为 1 的变量中选择分数最高的顶点加入候选解中，若有多个满足条件的顶点，选择年龄最大的顶点（第 21 行）。判断将选出的顶点加入候选解 C 后，C 的目标值是否大于或者等于当前的 UB，如果满足条件则跳出循环（第 22 行），否则将选出的顶点加入候选解 C 中并根据 WCC_Rule 3 规则更新相关顶点的 WCC 值（第 23、24 行）。随后，检查每条边是否被覆盖，将未被覆盖边的动态权重增加 1（第 25 行）并根据 WCC_Rule 4 规则更新相关顶点的 WCC 值（第 26 行）。然后将加入候选解中的顶点放入 tabu 表中（第 27 行）。在内层循环结束后，将迭代次数增加 1（第 29 行）。当外层循环停止条件满足时，算法结束并返回全局最优解 C^*。对于每个实例，DLSWCC 算法每次运行的停止条件是一个给定的时间限制（1000s）或达到最大迭代数（1000000 次）。值得说明的是，这里面的 tabu 表长度为 1，禁忌任期也为 1 次迭代，换言之，tabu 策略只禁忌刚刚加入候选解中的顶点在下次迭代的时候从候选解中删除。

3.6　实　验　分　析

本节主要对我们提出的算法和其他现有求解最小加权顶点覆盖问题的算法进行比较，从而说明本书所提算法的有效性。本节先介绍四组基准实例，即小规模实例、中等规模实例、大规模实例、超大规模实例。然后介绍现有求解加权顶点覆盖问题的算法，包括随机重力模拟搜索算法、蚁群优化算法、基于排斥可疑元素的信息素调整策略的蚁群优化算法、基于种群的迭代贪婪算法和多重启迭代禁忌搜索算法。接下来从实验的角度证明加权格局检测策略、动态打分策略和快速增量评估技术的有效性。然后将 DLSWCC 算法和几个当前最好的算法在基准实例上进行比较。

3.6.1　基准实例

为验证 DLSWCC 算法、加权格局检测策略、动态打分策略和快速增量评估技术的有效性，本书在基准实例上进行了大量的实验。每个基准实例均为一个有 n 个顶点和 m 条边的无向图。根据每个实例的顶点数，将实例分为以下四组。

（1）小规模实例（small-scale problem instances，SPI）。该组实例一共包含 400 个实例，实例顶点数的取值范围是 $\{10, 15, 20, 25\}$。

（2）中等规模实例（moderate-scale problem instances，MPI）。该组实例一共包含 710 个实例，实例顶点数的取值范围是 $\{50, 100, 150, 200, 250, 300\}$。

（3）大规模实例（large-scale problem instances，LPI）。该组实例一共包含 15 个实例，实例顶点数的取值范围是{500, 800, 1000}。

（4）超大规模实例（massive graph instances，MGI）。该组实例一共包含 56 个实例，每个实例的顶点数均大于 1000，有的甚至达到百万级。

SPI、MPI、LPI 这三组实例由文献[25]提供。在每组实例中，对于每个确定的顶点数 n，边数 m 的取值范围很广，包含了稀疏图和稠密图。SPI 组和 MPI 组实例有如下的性质。

（1）对于每个顶点数为 n 和边数为 m 的组合，随机生成 10 个实例，后面对于每个顶点数为 n 和边数为 m 的组合的实验结果都是在 10 个实例上得到的解取平均值。

（2）每个顶点的权重都是随机均匀分布的，根据分布的取值范围又将实例分为两类：第一类（Type I），每个顶点的权重从[20, 120]内随机选取；第二类（Type II），每个顶点的权重从[1, $d(v)^2$]内随机选取。与 SPI 和 MPI 两组实例不同，LPI 组实例每个顶点数为 n 和边数为 m 的组合只包含一个实例。后面对于每个顶点数为 n 和边数为 m 的组合的实验结果都是在 1 个实例上运行 10 次得到的解求平均值。每个顶点的权重从[20, 120]内随机选取。

此外应该注意的是，现有求解加权顶点覆盖问题的局部搜索算法主要集中测试学术基准实例。这些实例的顶点取值范围是 10～1000，即 SPI、MPI 和 LPI 这三组实例。然而，科学的不断进步，互联网的不断发展，传感器的广泛部署，导致生成了越来越多的大规模数据集。很多实际生活中的实例，顶点数已远远超过了 1000，某些实例甚至达到数百万个顶点。因此，本书从网络数据存储库中收集了 56 个超大规模的实际实例进行测试[105]。其中的一些基准实例最近被用来测试最大团问题和图着色问题的并行算法[106, 107]。这些超大规模图可分为 10 类：生物网络、协作网络、Facebook 网络、交互网络、基础设施网络、亚马逊推荐网络、科学计算网络、社交网络、技术网络和网页链接网络[105]。这些超大规模图构成了 MGI 组实例。该组实例与 LPI 组实例一样，每个顶点数为 n 和边数为 m 的组合只包含一个实例。后面对于每个顶点数为 n 和边数为 m 的组合的实验结果都是在 1 个实例上运行 10 次得到的解求平均值。每个顶点的权重从[20, 120]内随机选取。

3.6.2　现有算法介绍

将 DLSWCC 算法与几个现有最优的求解最小加权顶点覆盖问题的启发式算法进行对比。这些算法的介绍如下。

（1）随机重力模拟搜索[27]（randomized gravitational emulation search，RGES）算法。该算法运用了物理学中的速度和重力知识，根据速度和重力设计了一个新的启发式操作。

（2）蚁群优化算法[25]。该算法是一个元启发式算法，源于蚂蚁在寻找食物过程中发现路径的行为。

（3）基于排斥可疑元素的信息素调整策略的蚁群优化[26]（ant colony optimization + suspicious elements exclusion pheromone correction strategy，ACO + SEE）算法。该算法是蚁群优化算法的改进版本，在其算法中加入了排斥可疑元素的信息素调整策略。

（4）基于种群的迭代贪婪[30]（population-based iterated greedy，PBIG）算法。该算法是一个基于种群的算法，即对种群中的每个个体进行快速随机迭代的启发式算法，能够增加解的多样性。

（5）多重启迭代禁忌搜索[31]（multi-start iterated tabu search，MS-ITS）算法。该算法采用了多重启机制和禁忌策略，并融入了一个新颖的邻居构造过程和快速评估策略。

上面介绍的五个算法中，除了 MS-ITS，其他四个都没有提供可执行代码。因此，在 SPI 组、MPI 组和 LPI 组实例上我们将 DLSWCC 算法的实验结果与其他文献中给出的结果进行对比。在 3.6.9 小节中，对于 MGI 组实例，DLSWCC 算法与 MS-ITS 算法在相同的计算机上进行了对比实验。值得注意的是，这些算法在 SPI 组和 MPI 组实例上每个例子只测试了 1 次，在 LPI 组和 MGI 组实例上每个例子测试了 10 次。

我们用 C 语言实现 DLSWCC 算法，测试实验在一台个人计算机上运行，配置是 Intel®Xeon®E7-4830 CPU（2.13GHz）。RGES 算法运行实验的计算机配置是

PIV CPU（3.2GHz）；ACO 算法运行实验的计算机配置是 Intel®Core™（2）Duo CPU（4.00GHz）；ACO + SEE 算法运行实验的计算机配置是 Intel®Core™（2）Duo CPU 8500（4.00GHz）；PBIG 算法运行实验的计算机配置是 Intel®X3350 CPUs（2667MHz）；MS-ITS 算法运行实验的计算机配置是 AMD A6-3400M APU（1.40GHz）。可以看出，这些算法运行的计算机大多数比我们的计算机快，因此后面实验中只对运行时间进行了粗略的对比。

3.6.3　加权格局检测策略的有效性

第一个实验的目的是对 WCC 的有效性进行评估。在该实验中我们对比 DLSWCC 算法及该算法的另外两个不同版本：基于动态打分策略的局部搜索（diversion local search based on dynamic score strategy，DLSNOCC）算法和基于动态打分策略和格局检测策略的局部搜索（diversion local search based on dynamic score strategy and configuration checking，DLSECC）算法。其中，DLSNOCC 算法是 DLSWCC 算法去掉 WCC 策略的版本，即在选点向候选解中加入时不考虑 WCC 值，选择分数最高的顶点，如果有多个满足条件的顶点则选择年龄最大的顶点。DLSECC算法是 DLSWCC 算法用原始的 CC 策略取代了 DLSWCC算法中的WCC策略。我们在 LPI 组实例上测试了这三个算法，每个算法在每个实例上用不同的随机种子运行了 10 次。实验结果如表 3.1 所示。

表 3.1　DLSNOCC、DLSECC 和 DLSWCC 算法在 LPI 组实例上的实验结果

顶点数	边数	DLSNOCC		DLSECC		DLSWCC	
		最优解	平均解	最优解	平均解	最优解	平均解
500	500	12626	12629.7	**12616**	**12616**	**12616**	**12616**
	1000	16475	16480.6	**16465**	**16465**	**16465**	**16465**
	2000	20891	20981.7	20865	20867	**20863**	**20866.2**
	5000	27247	27520.5	**27241**	**27241**	**27241**	**27241**
	10000	**29573**	29624.9	**29573**	**29573**	**29573**	**29573**
800	500	15053	15053	**15025**	**15025**	**15025**	**15025**
	1000	**22747**	22757.3	**22747**	**22747**	**22747**	**22747**
	2000	31436	31554.2	31304	31307.5	**31301**	**31305**

续表

顶点数	边数	DLSNOCC		DLSECC		DLSWCC	
		最优解	平均解	最优解	平均解	最优解	平均解
800	5000	38722	38809.9	**38553**	**38560**	**38553**	38569.1
	10000	44509	44623.8	44356	44356	**44351**	**44353.9**
1000	1000	24757	24783.1	**24723**	**24723**	**24723**	**24723**
	5000	45369	45388.8	45255	45255.5	**45203**	**45238.9**
	10000	51649	51861.3	51402	51422	**51378**	**51380.4**
	15000	58208	58458.8	58007	58019	**57994**	**57995**
	20000	59890	60025.4	59678	59684	**59651**	**59655.3**
平均值		33276.8	33370.2	33187.3	33190.7	33178.9	33183.6
劣于		13	15	7	7		
优于		0	0	0	1		
等于		2	0	8	7		

在表 3.1 中前两列表示实例的顶点数 n 和边数 m，列"最优解"和"平均解"分别表示每个算法运行 10 次中找到的最优解和平均解。行"平均值"表示列"最优解"和"平均解"在所有实例的平均值，行"劣于"表示在 LPI 组实例上，实验结果比 DLSWCC 算法差的实例数，行"优于"表示实验结果比 DLSWCC 算法好的实例数，行"等于"表示实验结果和 DLSWCC 算法相等的实例数。对于每个实例，我们对比三个算法求得的最优解和平均解。加粗的数值表示在三个算法中求得的结果最优。对比每个算法求得的最优解时可发现，在这 15 个实例上 DLSWCC 算法都能求得优于或等于其他两个算法的解。DLSNOCC 算法只能在 2 个实例上找到和 DLSWCC 算法相同的解，其他 13 个实例的效果都不如 DLSWCC 算法。DLSECC 算法在 8 个实例上找到和 DLSWCC 算法相同的解，其他 7 个实例的效果劣于 DLSWCC 算法。对比每个算法求得解的平均值时可发现，在这 15 个实例上 DLSWCC 算法只有一个实例没有 DLSECC 算法好，其他 14 个实例都能求得优于或等于其他两个算法的解。DLSNOCC 算法比 DLSWCC 算法求的平均解都要差。DLSECC 算法在顶点数为 800、边数为 5000 的实例上找到比 DLSWCC 算法好的平均解，其他实例都比 DLSWCC 算法差或与其相同。

从表 3.1 可以看出，DLSECC 算法在平均解和最优解上都要优于 DLSNOCC

算法，这表明了原始 CC 策略的有效性，换言之，在局部搜索过程中 CC 策略可以避免一些循环问题。与 DLSECC 算法对比，DLSWCC 算法无论最优解还是平均解都要占优。这表明，在原始 CC 策略的严格限制下，一些有前途的搜索空间将会被遗漏。我们提出的 WCC 策略对原始 CC 策略进行了放松，可以很好地将避免循环搜索和提高解的多样性进行平衡。

3.6.4　动态打分策略的有效性

我们做了一个实验来评估 3.2 节介绍的动态打分策略的有效性。在该实验中，我们将 DLSWCC 算法与基于静态打分策略和加权格局检测策略的局部搜索（diversion local search based on static score strategy and weighted configuration checking，DLSWCC_STATIC）算法进行了对比。DLSWCC_STATIC 算法使用静态打分策略，即在每次循环迭代的结尾，不增加未被覆盖边的权重。我们在 LPI 组实例上测试了这两个算法，每个算法在每个实例上用不同的随机种子运行了 10 次，实验结果如表 3.2 所示。在表 3.2 中每列和每行表示的含义与表 3.1 中的相同。对于每个实例，我们对比两个算法求得的最优解和平均解。加粗的数值表示在两个算法中求得的结果最优。

表 3.2　DLSWCC_STATIC 和 DLSWCC 算法在 LPI 组实例上的实验结果

顶点数	边数	DLSWCC_STATIC		DLSWCC	
		最优解	平均解	最优解	平均解
500	500	12870	12930.4	**12616**	**12616**
	1000	16789	16789.0	**16465**	**16465**
	2000	21454	21508.0	**20863**	**20866.2**
	5000	27850	28136.9	**27241**	**27241**
	10000	29923	30230.6	**29573**	**29573**
800	500	15262	15262.0	**15025**	**15025**
	1000	23175	23175.0	**22747**	**22747**
	2000	32234	32235.9	**31301**	**31305**
	5000	40153	40252.0	**38553**	**38569.1**
	10000	45249	45414.6	**44351**	**44353.9**
1000	1000	25260	25348.2	**24723**	**24723**
	5000	46262	46273.8	**45203**	**45238.9**

续表

顶点数	边数	DLSWCC_STATIC		DLSWCC	
		最优解	平均解	最优解	平均解
	10000	52776	52985.3	**51378**	**51380.4**
1000	15000	59000	59207.6	**57994**	**57995**
	20000	60050	60460.0	**59651**	**59655.3**
平均值		33887.1	34013.9	33178.9	33183.6
劣于		15	15		
优于		0	0		
等于		0	0		

　　正如在 3.2 节讨论的，在静态打分机制中，整个局部搜索过程中顶点的分数不会因为边的权重变化而改变，这样搜索很容易陷入局部最优。而动态打分策略中，顶点的分数与未覆盖边的权重相关，这样顶点的分数就会动态更新，从而使搜索有效地跳出局部最优。表 3.2 中的实验结果证明了动态打分策略的有效性。在这 15 个实例上，基于动态打分的算法（DLSWCC）无论在最优解还是平均解上都要优于基于静态打分的算法（DLSWCC_STATIC）。

　　我们用两个具有代表性的实例（$n=1000, m=1000$ 和 $n=1000, m=10000$）来进一步说明动态打分策略对算法 DLSWCC 的影响。图 3.4 对比了 DLSWCC 算法和 DLSWCC_STATIC 算法随着迭代次数的增加，目标值的变化情况。从图中可以看出，DLSWCC 算法可以跳出局部最优找到更好的解，而 DLSWCC_STATIC 很

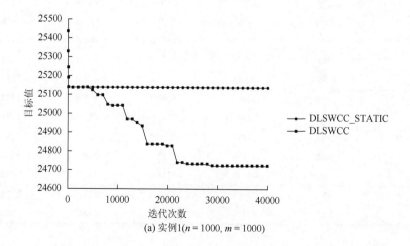

(a) 实例1($n = 1000$, $m = 1000$)

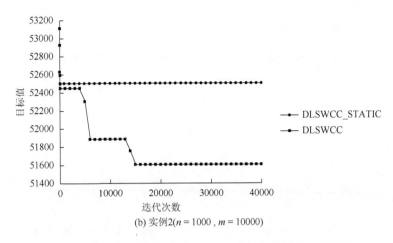

(b) 实例2($n = 1000$，$m = 10000$)

图 3.4　DLSWCC 算法和 DLSWCC_STATIC 算法的性能比较

容易陷入局部最优，只能找到质量较差的解。实验清楚地表明该动态打分策略的重要性。

3.6.5　快速增量评估技术的有效性

　　本节讨论并分析 DLSWCC 算法中快速增量评估技术的有效性。DLSWCC 算法的主要组成部分是顶点选择策略。对于一个局部搜索算法，快速地选择一个顶点加入候选解或者从候选解中移出是至关重要的。正如 3.2 节所介绍的，在改变顶点状态后用快速增量评估技术来更新相关顶点的分数，即一个顶点的状态改变了，只需要更新一些分数被影响的顶点的分数而不需要重新计算所有顶点的分数。

　　为了说明快速增量评估技术的有效性，我们分别用有快速增量评估技术的算法（DLSWCC）和未带快速增量评估技术的基于动态打分策略和加权格局检测策略的局部搜索（diversion local search based on dynamic score strategy and weighted configuration checking without fast incremental evaluation technique，DLSWCC-F）算法在两个具有代表性的实例（$n = 1000, m = 1000$ 和 $n = 1000, m = 10000$）上进行了实验。

　　在这两个实例上，DLSWCC 和 DLSWCC-F 算法都独立运行了 10 次。图 3.5 显示了两个算法随着迭代次数的增加 CPU 所用的时间的变化。具体地，对于实例 1 和实例 2 来说，可以清晰地看到 DLSWCC 算法的 CPU 时间要比 DLSWCC-F 算法的少很多。该实验足以说明快速增量评估技术在 DLSWCC 算法中的重要作用。

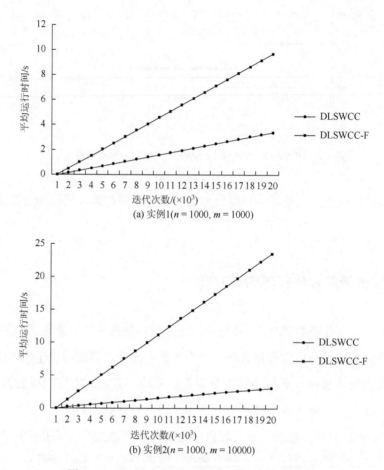

(a) 实例1($n = 1000$, $m = 1000$)

(b) 实例2($n = 1000$, $m = 10000$)

图 3.5　DLSWCC 和 DLSWCC-F 算法的性能比较

3.6.6　SPI 组实例实验结果

为了进一步验证 DLSWCC 算法的有效性，我们将 DLSWCC 算法与现有最好的算法进行性能对比。本节主要对比在 SPI 实例上算法找到解的质量和运行时间，实验结果如表 3.3 和表 3.4 所示。表 3.3 和表 3.4 中，前两列表示实例的顶点数 n 和边数 m，第三列表示已知的最优解（每组 10 个实例的最优解的平均值），由文献

[25]提供。列"平均解"和"时间"分别表示 10 个例子的平均解和找到最优解的平均时间，时间的单位为 s（下同）。ACO + SEE 算法的平均时间在文献[26]中没有提供，因此没有列出。表中加粗的数值表示找到了已知的最优解。行"平均值""劣于""优于"和"等于"的含义与表 3.1 中的含义相同。

表 3.3　SPI 组实验结果（Type I）

顶点数	边数	已知最优解	ACO		ACO + SEE	PBIG		MS-ITS		DLSWCC	
			平均解	时间	平均解	平均解	时间	平均解	时间	平均解	时间
10	10	284.0	**284.0**	0.000	**284.0**	**284.0**	0.000	**284.0**	0.000	**284.0**	0.000
	20	398.7	**398.7**	0.008	**398.7**	**398.7**	0.000	**398.7**	0.000	**398.7**	0.000
	30	431.3	**431.3**	0.003	**431.3**	**431.3**	0.000	**431.3**	0.000	**431.3**	0.000
	40	508.5	**508.5**	0.003	**508.5**	**508.5**	0.000	**508.5**	0.000	**508.5**	0.000
15	20	441.9	**441.9**	0.005	**441.9**	**441.9**	0.000	**441.9**	0.000	**441.9**	0.000
	40	570.4	574.2	0.011	**570.4**	**570.4**	0.000	**570.4**	0.000	**570.4**	0.000
	60	726.2	729	0.008	**726.2**	**726.2**	0.000	**726.2**	0.000	**726.2**	0.000
	80	807.5	814.6	0.010	**807.5**	**807.5**	0.000	**807.5**	0.000	**807.5**	0.000
	100	880.0	**880.0**	0.008	**880.0**	**880.0**	0.000	**880.0**	0.000	**880.0**	0.000
20	20	473.0	**473.0**	0.005	**473.0**	**473.0**	0.000	**473.0**	0.000	**473.0**	0.000
	40	659.3	661.4	0.016	660.3	**659.3**	0.000	**659.3**	0.001	**659.3**	0.000
	60	861.8	**861.8**	0.014	**861.8**	**861.8**	0.000	**861.8**	0.001	**861.8**	0.000
	80	898.0	905.4	0.016	899.9	**898.0**	0.000	**898.0**	0.001	**898.0**	0.000
	100	1026.2	1026.8	0.016	**1026.2**	**1026.2**	0.000	**1026.2**	0.001	**1026.2**	0.000
	120	1038.2	1041.5	0.017	**1038.2**	**1038.2**	0.000	**1038.2**	0.001	**1038.2**	0.000
25	40	756.6	**756.6**	0.019	**756.6**	**756.6**	0.000	**756.6**	0.000	**756.6**	0.000
	80	1008.1	1009.6	0.022	**1008.1**	**1008.1**	0.000	**1008.1**	0.001	**1008.1**	0.000
	100	1106.9	1107.4	0.025	1109.1	**1106.9**	0.000	**1106.9**	0.000	**1106.9**	0.000
	150	1264.0	**1264.0**	0.031	**1264.0**	**1264.0**	0.000	**1264.0**	0.000	**1264.0**	0.000
	200	1373.4	1377.7	0.030	**1373.4**	**1373.4**	0.000	**1373.4**	0.001	**1373.4**	0.000
平均值			777.4	0.013	776	775.7	0.000	775.7	0.000	775.7	0.000
劣于			10		3	0		0			
优于			0		0	0		0			
等于			10		17	20		20			

表 3.4　SPI 组实验结果（Type II）

顶点数	边数	已知最优解	ACO		ACO + SEE	PBIG		MS-ITS		DLSWCC	
			平均解	时间	平均解	平均解	时间	平均解	时间	平均解	时间
10	10	18.8	**18.8**	0.003	**18.8**	18.8	0.000	**18.8**	0.000	**18.8**	0.000
	20	51.1	**51.1**	0.003	**51.1**	51.1	0.000	**51.1**	0.000	**51.1**	0.000
	30	127.9	**127.9**	0.003	**127.9**	127.9	0.000	**127.9**	0.000	**127.9**	0.000
	40	268.3	**268.3**	0.010	**268.3**	268.3	0.000	**268.3**	0.000	**268.3**	0.000
15	20	34.7	**34.7**	0.005	**34.7**	34.7	0.000	**34.7**	0.000	**34.7**	0.000
	40	170.5	171.5	0.010	**170.5**	170.5	0.000	**170.5**	0.000	**170.5**	0.000
	60	360.5	360.8	0.008	**360.5**	360.5	0.000	**360.5**	0.000	**360.5**	0.000
	80	697.9	698.7	0.014	**697.9**	697.9	0.000	**697.9**	0.000	**697.9**	0.000
	100	1130.4	1137.8	0.008	**1130.4**	1130.4	0.001	**1130.4**	0.000	**1130.4**	0.000
20	20	32.9	33.0	0.011	**32.9**	32.9	0.000	**32.9**	0.001	**32.9**	0.000
	40	111.6	111.8	0.017	111.8	**111.6**	0.000	**111.6**	0.000	**111.6**	0.000
	60	254.1	254.4	0.016	**254.1**	254.1	0.000	**254.1**	0.001	**254.1**	0.000
	80	452.2	453.1	0.016	452.3	**452.2**	0.000	**452.2**	0.000	**452.2**	0.000
	100	775.2	**775.2**	0.016	**775.2**	775.2	0.000	**775.2**	0.000	**775.2**	0.000
	120	1123.1	1125.5	0.017	**1123.1**	1123.1	0.001	**1123.1**	0.000	**1123.1**	0.000
25	40	98.7	98.8	0.025	**98.7**	98.7	0.000	**98.7**	0.000	**98.7**	0.000
	80	372.7	373.3	0.026	373.0	**372.7**	0.000	**372.7**	0.000	**372.7**	0.000
	100	595.0	595.1	0.028	595.1	**595.0**	0.000	**595.0**	0.001	**595.0**	0.000
	150	1289.9	1291.7	0.030	1290.9	**1289.9**	0.000	**1289.9**	0.001	**1289.9**	0.000
	200	2709.5	2713.1	0.030	**2709.5**	2709.5	0.000	**2709.5**	0.001	**2709.5**	0.000
平均值			534.7	0.015	**533.8**	533.8	0.000	**533.8**	0.000	**533.8**	0.000
劣于			14		5	0		0			
优于			0		0	0		0			
等于			6		15	20		20			

从表 3.3 和表 3.4 可以观察到，就平均解和时间而言，DLSWCC 算法、MS-ITS 算法和 PBIG 算法得到的结果相差不多，这三个算法得到的解要明显优于 ACO 算法和 ACO + SEE 算法得到的解。具体地，在 Type I 的 20 个实例上，ACO 算法能找到 10 个最优解，ACO + SEE 算法能找到 17 个最优解；在 Type II 的 20 个实例上，ACO 算法能找到 6 个最优解，ACO + SEE 算法能找到 15 个最优解。DLSWCC 算法、MS-ITS 算法和 PBIG 算法在这 40 个实例上都能找到最优解。在

大多数实例上，这三个算法的平均时间（不超过 0.001s）也要比 ACO 算法的少。

总的来说，除了 ACO 算法，其他算法基本上都能找到已知最优解，这可能是因为表 3.3 和表 3.4 中的实例相对比较小（顶点数不超过 25），因此这些实例对这些算法来说相对容易求解。

3.6.7　MPI 组实例实验结果

与 SPI 组实例实验结果的描述一样，MPI 组实例的结果列在表 3.5 和表 3.6 中。表中加粗的数值表示几个算法中找到的最优解。表 3.6 中多出的一列 RGES 表示 RGES 算法的实验结果，该算法只求解了 MPI 算法组实例的 Type II。可以注意到，该组实例上已知最优解列没有了，因为 MPI、LPI 和 MGI 这三组实例的最优解还未知。

表 3.5　MPI 组实验结果（Type I）

顶点数	边数	ACO		ACO + SEE	PBIG		MS-ITS		DLSWCC	
		平均解	时间	平均解	平均解	时间	平均解	时间	平均解	时间
50	50	1282.1	0.063	1280.9	**1280.0**	0.016	**1280.0**	0.001	**1280.0**	0.000
	100	1741.1	0.083	1740.7	**1735.3**	0.007	**1735.3**	0.002	**1735.3**	0.000
	250	2287.4	0.097	2280.6	**2272.3**	0.006	**2272.3**	0.002	**2272.3**	0.000
	500	2679.0	0.102	2669.3	**2661.9**	0.003	**2661.9**	0.002	**2661.9**	0.000
	750	2959.0	0.125	2957.3	**2951.0**	0.027	**2951.0**	0.002	**2951.0**	0.000
	1000	3211.2	0.117	3199.8	**3193.7**	0.019	**3193.7**	0.003	**3193.7**	0.000
100	100	2552.9	0.273	2544.0	2537.6	0.019	**2534.2**	0.027	**2534.2**	0.000
	250	3626.4	0.367	3614.9	3602.7	0.057	**3601.6**	0.010	**3601.6**	0.000
	500	4692.1	0.433	4636.4	**4600.6**	0.182	**4600.6**	0.047	**4600.6**	0.000
	750	5076.4	0.502	5082.8	**5045.5**	0.088	**5045.5**	0.059	**5045.5**	0.000
	1000	5534.1	0.456	5522.7	5509.4	0.084	**5508.2**	0.135	**5508.2**	0.000
	2000	6095.7	0.589	6068.3	**6051.9**	0.501	**6051.9**	0.011	**6051.9**	0.000
150	150	3684.9	0.691	3676.8	3667.3	0.088	3667.0	0.030	**3666.9**	0.001
	250	4769.7	0.891	4754.9	4720.3	0.116	**4719.9**	0.090	**4719.9**	0.001
	500	6224.0	1.194	6228.7	6165.7	0.294	**6165.4**	0.234	**6165.4**	0.005
	750	7014.7	1.042	6996.3	6963.7	0.522	6967.0	0.118	**6956.4**	0.003
	1000	7441.8	1.206	7383.6	7368.8	0.536	**7359.7**	0.190	**7359.7**	0.006

续表

顶点数	边数	ACO		ACO + SEE	PBIG		MS-ITS		DLSWCC	
		平均解	时间	平均解	平均解	时间	平均解	时间	平均解	时间
150	2000	8631.2	1.103	8597.2	8562.0	0.824	**8549.4**	0.317	**8549.4**	0.010
	3000	8950.2	0.966	8940.2	**8899.8**	1.300	**8899.8**	0.080	**8899.8**	0.009
200	250	5588.7	1.674	5572.4	5551.9	0.157	**5551.6**	0.108	**5551.6**	0.005
	500	7259.2	2.160	7233.7	7192.4	0.547	7195.1	0.120	**7191.9**	0.010
	750	8349.8	2.602	8300.3	8274.5	0.664	**8269.9**	0.283	**8269.9**	0.006
	1000	9262.2	2.221	9208.4	9150.6	1.019	9150.0	0.777	**9145.5**	0.012
	2000	10916.5	2.437	10891.1	10831.0	2.726	**10830.0**	0.650	**10830.0**	0.024
	3000	11689.1	2.497	11680.4	11600.2	2.866	11599.6	0.596	**11595.8**	0.015
250	250	6197.8	2.273	6169.2	**6148.7**	0.390	**6148.7**	0.109	**6148.7**	0.014
	500	8538.8	4.016	8495.9	8440.7	1.344	8438.8	1.137	**8436.2**	0.016
	750	9869.4	4.047	9815.5	9752.8	2.447	**9745.9**	0.521	**9745.9**	0.214
	1000	10866.6	3.755	10791.0	10753.7	2.371	10752.1	0.933	**10751.7**	0.037
	2000	12917.7	3.942	12827.0	12757.6	3.471	12755.9	2.298	**12751.5**	0.033
	3000	13882.5	4.276	13830.6	13723.5	3.233	**13723.3**	1.766	**13723.3**	0.057
	5000	14801.8	3.842	14735.9	14676.7	22.508	**14669.7**	0.648	**14669.7**	0.043
300	300	7342.7	4.322	7326.6	7296.0	0.711	**7295.8**	0.469	**7295.8**	0.021
	500	9517.4	5.178	9491.9	**9403.1**	1.596	9410.8	0.963	**9403.1**	0.024
	750	11166.9	6.055	11156.5	11038.1	3.349	11032.0	0.698	**11029.3**	0.038
	1000	12241.7	6.231	12163.7	12108.9	3.095	12107.7	0.720	**12098.5**	0.04
	2000	14894.9	6.488	14834.6	14749.9	10.982	14737.7	3.230	**14732.2**	0.099
	3000	16054.1	6.299	15910.5	15848.2	11.636	15841.4	0.949	**15840.8**	0.172
	5000	17545.4	6.558	17479.8	17350.6	17.283	**17342.9**	1.605	**17342.9**	0.195
平均值		7881.0	2.338	7848.5	7806.1	2.489	7804.0	0.511	**7802.8**	0.028
劣于		39		39	27		13			
优于		0		0	0		0			
等于		0		0	12		26			

表 3.6　MPI 组实验结果（Type II）

顶点数	边数	RGES	ACO		ACO + SEE	PBIG		MS-ITS		DLSWCC	
			平均解	时间	平均解	平均解	时间	平均解	时间	平均解	时间
50	50	83.9	83.9	0.072	83.9	**83.7**	0.002	**83.7**	0.005	**83.7**	0.000
	100	276.2	276.2	0.097	274.4	**271.2**	0.003	**271.2**	0.004	**271.2**	0.000

续表

顶点数	边数	RGES	ACO		ACO+SEE	PBIG		MS-ITS		DLSWCC	
			平均解	时间	平均解	平均解	时间	平均解	时间	平均解	时间
50	250	1886.4	1886.8	0.111	1870.3	**1853.4**	0.010	**1853.4**	0.003	**1853.4**	0.000
	500	7914.5	7915.9	0.120	7876.7	**7825.1**	0.009	**7825.1**	0.008	**7825.1**	0.000
	750	20134.1	20134.1	0.111	20087.6	**20079.0**	0.010	**20079.0**	0.003	**20079.0**	0.000
100	50	67.4	67.4	0.184	**67.2**	**67.2**	0.002	**67.2**	0.010	**67.2**	0.000
	100	169.1	169.1	0.334	167.8	**166.6**	0.017	**166.6**	0.023	**166.6**	0.000
	250	890.4	901.7	0.514	895.3	**886.5**	0.065	**886.5**	0.039	**886.5**	0.002
	500	3725.3	3726.7	0.481	3707.0	**3693.6**	0.101	**3693.6**	0.031	**3693.6**	0.000
	750	8745.5	8754.5	0.444	8742.3	**8680.2**	0.129	**8680.2**	0.194	**8680.2**	0.000
150	50	**65.8**	65.8	0.292	65.9	**65.8**	0.001	**65.8**	0.010	**65.8**	0.000
	100	144.7	144.7	0.583	144.1	**144.0**	0.026	**144.0**	0.065	**144.0**	0.000
	250	624.4	625.7	1.387	624.8	616	0.187	**615.8**	0.199	**615.8**	0.014
	500	2365.2	2375.0	1.908	2358.6	**2331.5**	0.572	**2331.5**	0.177	**2331.5**	0.006
	750	5798.6	5799.2	1.295	5707.0	5698.7	0.550	**5698.5**	0.244	**5698.5**	0.008
200	50	**59.6**	59.6	0.463	**59.6**	**59.6**	0.001	**59.6**	0.016	**59.6**	0.000
	100	**132.6**	134.7	0.981	134.6	134.5	0.021	134.5	0.050	134.5	0.000
	250	488.4	488.7	2.413	487.9	**483.1**	0.280	484.5	0.300	**483.1**	0.013
	500	1843.6	1843.6	3.423	1818.7	1804.3	1.286	**1803.9**	0.375	**1803.9**	0.062
	750	4112.8	4112.8	3.600	4077.0	4043.6	0.768	**4043.5**	0.452	**4043.5**	0.040
250	250	423.2	423.2	3.311	421.2	**419.0**	0.476	**419.0**	0.129	**419.0**	0.012
	500	1457.4	1457.4	5.781	1454.3	1435.7	4.219	1434.7	0.869	**1434.2**	0.201
	750	3315.9	3315.9	5.983	3289.4	3261.0	2.935	**3256.4**	0.459	3256.1	0.115
	1000	6058.2	6058.2	6.297	6040.0	5989.4	7.978	5988.2	0.259	**5986.4**	0.120
	2000	26149.1	26149.1	4.859	25932.1	25658.5	11.809	25646.4	1.698	**25636.5**	0.066
	5000	171917.2	171917.2	4.856	171500.7	170269.1	37.770	170269.1	1.298	**170269**	0.052
300	250	403.9	403.9	5.372	402.7	399.5	0.353	399.6	0.397	**399.4**	0.016
	500	1239.1	1239.1	9.155	1237.3	**1216.4**	5.439	1217.2	0.527	**1216.4**	0.074
	750	2678.2	2678.2	10.994	2674.1	2639.4	6.545	2640.6	0.362	**2639.3**	0.259
	1000	4895.5	4895.5	9.045	4867.9	4796.3	15.204	4796.2	0.993	**4795.0**	0.203
	2000	21295.2	21295.2	7.242	21107.7	20891.6	10.911	20886.4	1.834	**20881.3**	0.056
	3000	143243.5	143243.5	6.553	142292.6	141265.3	27.674	141226.8	3.418	**141220.4**	0.084
平均值		13831.4	13832.6	3.071	13764.7	13663.4	4.230	13661.52	0.452	**13660.6**	0.044
劣于		29	30		30	15		13			
优于		1	0		0	0		0			
等于		2	2		2	17		19			

如表 3.5 和表 3.6 所示，在 Type I 和 Type II 上 DLSWCC 算法找到的最优解都要优于或者等于现有其他算法找到的最优解，除了 Type II 中 $n = 200$、$m = 100$ 的实例。具体地，在 Type I 的 39 个实例上，ACO 和 ACO + SEE 算法找到的解都比 DLSWCC 算法的差，PBIG 算法能找到 12 个与 DLSWCC 算法相同的解，其他 27 个比 DLSWCC 算法的差，MS-ITS 算法能找到 26 个与 DLSWCC 算法相同的解，其他 13 个比 DLSWCC 算法的差；在 Type II 的 32 个实例上，ACO 和 ACO + SEE 算法都能找到 2 个与 DLSWCC 算法相同的解，其他 30 个比 DLSWCC 算法的差，PBIG 算法能找到 17 个与 DLSWCC 算法相同的解，其他 15 个比 DLSWCC 算法的差，MS-ITS 算法能找到 19 个与 DLSWCC 算法相同的解，其他 13 个比 DLSWCC 算法的差，RGES 算法能找到 1 个比 DLSWCC 算法好的解，2 个与 DLSWCC 算法相同的解，其他 29 个比 DLSWCC 算法的差。

更重要的是，在这 71 个实例上，DLSWCC 算法能在 22 个实例上占优，即 DLSWCC 算法获得了 22 个新的上界。另外在时间的对比上，DLSWCC 算法平均时间要明显少于其他现有最好的算法。具体地，在 Type I 上 ACO 算法的平均时间为 2.338s，PBIG 算法的平均时间为 2.489s，MS-ITS 算法的平均时间为 0.511s，DLSWCC 算法的平均时间为 0.028s；在 Type II 上 ACO 算法的平均时间为 3.071s，PBIG 算法的平均时间为 4.230s，MS-ITS 算法的平均时间为 0.452s，DLSWCC 算法的平均时间为 0.044s。很明显，在 Type I 和 Type II 上 DLSWCC 算法比其他算法都要快。

仔细观察可以得出，在相对较小的实例上（顶点数都不超过 200），PBIG 和 MS-ITS 在很多实例上还能找到最优解。然而，随着图规模的增大，现有算法不能找到最优解，而 DLSWCC 算法还能找到最优解。这是因为，当图的规模增大时，现有算法很容易陷入局部最优或者进入循环搜索，而我们提出的 WCC 策略和动态打分策略可以有效地克服这两个问题。此外，从效率方面看，DLSWCC 算法在中等规模的实例上都要比其他现有算法高。

3.6.8　LPI 组实例实验结果

表 3.7 是 DLSWCC 与 ACO + SEE、PBIG 和 MS-ITS 在 LPI 组实例的实验对

比结果。该组实例的规模要比 SPI 和 MPI 组实例的大，顶点数最多达到 1000。与 SPI 组和 MPI 组实例不同的是，LPI 组实例对于每个确定的顶点数 n 和边数 m 只包含一个实例，因此每个算法在每个例子上都运行了 10 次。列"顶点数""边数""最优解"和"平均解"表示的含义与表 3.1 中的相同，列"时间"表示 10 次运行中，每次找到最优解的平均时间。加粗数值表示四个算法求得的最优值。

如表 3.7 所示，无论最优解还是平均解，DLSWCC 算法都能找到优于或等于其他算法的解，除了 $n = 800$，$m = 5000$ 这个例子。此外，在这 15 个实例上 DLSWCC 算法能在 5 个实例上占优，即 DLSWCC 算法获得了 5 个新的上界。特别是当顶点数等于 1000 时，现有的算法只能在一个实例上找到和 DLSWCC 相同的最优解。

从表 3.7 中可以看出，随着实例顶点数的增加，在最优解和平均解上，DLSWCC 算法的优势都更加明显。因为在大规模的实例上循环问题和陷入局部最优现象会更常见，实验结果进一步证明了本书提出的 WCC 策略和动态打分策略可以有效地避免循环搜索，跳出局部最优解。

表 3.7　LPI 组实验结果

顶点数	边数	ACO + SEE		PBIG			MS-ITS			DLSWCC		
		最优解	平均解	最优解	平均解	时间	最优解	平均解	时间	最优解	平均解	时间
500	500	12675	12687.7	**12616**	12620.0	1.601	12623	12635.0	3.057	**12616**	**12616.0**	5.184
	1000	16516	16574.9	**16465**	16470.1	10.240	16480	16483.1	9.348	**16465**	**16465.0**	0.826
	2000	21000	21093.0	**20863**	20870.8	9.283	**20863**	20866.9	9.606	**20863**	20866.2	11.024
	5000	27294	27585.5	27318	27428.2	34.707	**27241**	**27241.0**	9.103	**27241**	**27241.0**	5.263
	10000	**29573**	29796.4	**29573**	29666.8	36.405	**29573**	**29573.0**	36.250	**29573**	**29573.0**	14.930
800	500	15049	15069.9	**15025**	**15025.0**	2.535	15046	15054.1	6.726	**15025**	**15025.0**	0.442
	1000	22792	22852.1	**22747**	22763.0	11.589	22760	22760.0	13.994	**22747**	**22747.0**	1.589
	2000	31680	31786.9	31355	31422.6	58.008	31309	31345.7	40.967	**31301**	**31305.0**	1.725
	5000	38830	38906.7	38665	38718.7	113.842	**38553**	**38557.1**	67.096	**38553**	38569.1	2.812
	10000	44499	44691.7	44396	44397.8	96.467	**44351**	44359.9	93.750	**44351**	44353.9	0.824
1000	1000	24856	24925.4	24746	24763.1	14.435	24735	24766.1	19.281	**24723**	**24723.0**	5.500
	5000	45446	45588.7	45255	45295.4	178.311	45230	45256.9	113.739	**45203**	**45238.9**	7.912

顶点数	边数	ACO + SEE		PBIG			MS-ITS			DLSWCC		
		最优解	平均解	最优解	平均解	时间	最优解	平均解	时间	最优解	平均解	时间
	10000	51875	52105.0	**51378**	51540.9	325.956	**51378**	51423	209.673	**51378**	**51380.4**	9.680
1000	15000	58394	58654.8	58014	58145.2	363.179	58014	58068.9	242.143	**57994**	**57995.0**	7.098
	20000	60010	60268.2	59790	59847.9	647.563	59675	59719.9	243.324	**59651**	**59655.3**	3.333
平均值		33366	33505.8	33213.7	33265.0	126.941	33188.7	33207.4	74.803	33178.9	33183.6	5.210
劣于		14	15	8	14		9	12				
优于		0	0	0	0		0	1				
等于		1	0	7	1		6	2				

3.6.9　MGI 组实例实验结果

为了广泛评估 DLSWCC 算法，本书对现实生活中的超大图进行了测试。在现有算法中 MS-ITS 算法在学术实例上效果最好，因此本书仅对比了 MS-ITS 算法。DLSWCC 和 MI-ITS 这两个算法在相同的实验环境下运行。与 LPI 组实例一样，MGI 组实例对于每个确定的顶点数 n 和边数 m 也只包含一个实例，因此每个算法在每个例子上都运行了 10 次。

表 3.8 给出了 DLSWCC 算法和 MS-ITS 算法求解超大规模实例的实验结果。第一列为实例的名称，第二、第三列分别为实例的顶点数和边数。列"最优解""平均解"和"时间"与表 3.7 的含义相同。加粗的数值表示在两个算法中求得的最优解。对于一些实例，由于内存限制 MS-ITS 算法不能给出一个顶点覆盖，在表中用"N/A"来标记。

对所有实例来说，顶点数都超过了 1000，有的甚至超过 500000。尽管在学术实例上 MS-ITS 算法比现有的其他算法都好很多，但是在超大规模实例上 MS-ITS 仍有很多实例给不出一个可行解。对于这 56 个实例，MS-ITS 算法只能求出 27 个实例，MS-ITS 算法能求解的最大实例的顶点数为 21363。DLSWCC 算法能求解所有的实例，并且解的质量要优于或等于 MS-ITS 算法。MS-ITS 算法只有 5 个实例（ca-GrQc、ia-email-univ、ia-fb-messages、ia-reality 和 web-google）与 DLSWCC

算法求得了相同的解。该实验再次证明了 WCC 策略和动态打分策略对于求解大规模实例的有效性。

表 3.8　MGI 组实验结果

实例名称	顶点数	边数	MS-ITS			DLSWCC		
			最优解	平均解	时间	最优解	平均解	时间
bio-dmela	7393	25569	149452	149556.8	2126.409	**148508**	**148540.4**	135.42
bio-yeast	1458	1948	24269	24290.0	53.883	**24265**	**24265.0**	3.81
ca-AstroPh	17903	196972	662655	662926.5	16156.917	**646529**	**647019.1**	420.94
ca-citeseer	227320	814134	N/A	N/A	N/A	**7048010**	**7048225.5**	792.42
ca-CondMat	21363	91286	704287	704798.5	9860.340	**685813**	**686344.3**	489.20
ca-CSphd	1882	1740	29550	29609.8	1.233	**29390**	**29390.0**	3.67
ca-dblp-2010	226413	716460	N/A	N/A	N/A	**6618986**	**6619251.8**	496.89
ca-dblp-2012	317080	1049866	N/A	N/A	N/A	**8986085**	**8986982.4**	1106.33
ca-Erdos992	6100	7515	28303	28303.0	8.424	**28298**	**28298.0**	0.15
ca-GrQc	4158	13422	122330	**122331.5**	674.020	**122278**	122332.5	95.51
ca-HepPh	11204	117619	372836	373069.8	10475.341	**365251**	**365530.8**	308.65
ca-MathSciNet	332689	820644	N/A	N/A	N/A	**7668338**	**7668818.0**	838.24
socfb-Berkeley13	22900	852419	N/A	N/A	N/A	**1011694**	**1011902.5**	907.12
socfb-CMU	6621	249959	296930	297032.5	1011.864	**292362**	**292428.8**	110.98
socfb-Duke14	9885	506437	458100	460907.8	1629.423	**450799**	**450898.3**	312.80
socfb-Indiana	29732	1305757	N/A	N/A	N/A	**1375506**	**1377961.4**	1193.10
socfb-MIT	6402	251230	274242	274443.0	12093.173	**272431**	**272472.4**	171.22
socfb-OR	63392	816886	N/A	N/A	N/A	**2114652**	**2116501**	1169.49
socfb-Penn94	41536	1362220	N/A	N/A	N/A	**1827780**	**1829265.1**	1052.84
socfb-Stanford3	11586	568309	506903	507561.5	4388.662	**495332**	**495411.3**	479.12
socfb-UCLA	20453	747604	913929	915068.0	154.893	**888489**	**888857.8**	774.81
socfb-UConn	17206	604867	792021	793196.8	15843.684	**771427**	**771744.5**	638.52
socfb-UCSB37	14917	482215	677548	678029.5	5456.765	**659407**	**659615.9**	447.50
socfb-UIllinois	30795	1264421	N/A	N/A	N/A	**1414900**	**1417140.9**	1197.28
socfb-Wisconsin87	23831	835946	N/A	N/A	N/A	**1071625**	**1072009.6**	1081.07
ia-email-EU	32430	54397	N/A	N/A	N/A	**48269**	**48269.0**	5.98
ia-email-univ	1133	5451	**32931**	32933	91.708	**32931**	**32931.0**	1.49
ia-enron-large	33696	180811	N/A	N/A	N/A	**695112**	**695294.8**	774.01
ia-fb-messages	1266	6451	**32300**	32316.5	44.546	**32300**	**32300.1**	2.27
ia-reality	6809	7680	**4894**	**4894**	10.436	**4894**	**4894.0**	0.03
ia-wiki-Talk	92117	360767	N/A	N/A	N/A	**962030**	**962194.9**	1194.68

续表

实例名称	顶点数	边数	MS-ITS			DLSWCC		
			最优解	平均解	时间	最优解	平均解	时间
inf-power	4941	6594	121386	121503.3	993.332	**120116**	**120146.5**	110.40
rec-amazon	91813	125704	N/A	N/A	N/A	**2629821**	**2630671.0**	1195.30
sc-nasasrb	54870	1311227	N/A	N/A	N/A	**3004611**	**3005889.1**	1021.60
sc-shipsec1	140385	1707759	N/A	N/A	N/A	**6843870**	**6844747.6**	2056.61
soc-brightkite	56739	212945	N/A	N/A	N/A	**1187631**	**1187962.3**	1162.34
soc-delicious	536108	1365961	N/A	N/A	N/A	**4957627**	**4958206.4**	1720.58
soc-douban	154908	327162	N/A	N/A	N/A	**515270**	**515288.1**	1111.14
soc-epinions	26588	100120	N/A	N/A	N/A	**539569**	**539915.5**	593.16
soc-gowalla	196591	950327	N/A	N/A	N/A	**4729181**	**4729405.5**	909.89
soc-slashdot	70068	358647	N/A	N/A	N/A	**1247682**	**1248151.4**	1182.44
soc-twitter-follows	404719	713319	N/A	N/A	N/A	**135811**	**135811.0**	314.75
tech-as-caida2007	26475	53381	N/A	N/A	N/A	**200511**	**200755.8**	357.47
tech-internet-as	40164	85123	N/A	N/A	N/A	**312123**	**312308.4**	490.53
tech-p2p-gnutella	62561	147878	N/A	N/A	N/A	**917822**	**918207.3**	1058.55
tech-RL-caida	190914	607610	N/A	N/A	N/A	**4203838**	**4204531.8**	414.25
tech-routers-rf	2113	6632	44919	44936.5	60.996	**44894**	**44902.3**	34.89
tech-WHOIS	7476	56943	128568	128588.0	6499.892	**128337**	**128345.3**	122.98
web-arabic-2005	163598	1747269	N/A	N/A	N/A	**6572535**	**6573003.0**	1855.93
web-BerkStan	12305	19500	292693	293081.0	2304.889	**286665**	**286871.4**	290.43
web-edu	3031	6474	79499	79545.5	242.268	**79078**	**79100.8**	47.24
web-google	1299	2773	**27842**	**27842.0**	0.7585	27842	27842.0	2.56
web-indochina-2004	11358	47606	409686	409765.0	3187.944	**405419**	**405773.4**	255.25
web-sk-2005	121422	334419	N/A	N/A	N/A	**3135635**	**3135843.5**	115.32
web-spam	4767	37375	129440	129534.8	644.218	**128980**	**128994.8**	92.55
web-webbase-2001	16062	25593	144674	144718.5	399.876	**144361**	**144444.9**	186.70
劣于			52	53				
优于			0	1				
等于			4	2				

3.7　本　章　小　结

本章提出了一个新的局部搜索算法（DLSWCC 算法）来求解最小加权顶

点覆盖问题，该算法主要结合了三个策略。下面再将这三个策略进行简单的回顾。

（1）动态打分策略：每条边对应一个权值，边的权值动态更新使得每个顶点的分数也随之更新，该策略的提出是为了使算法能跳出局部最优解。

（2）加权格局检测策略：是对原始格局检测策略的一种放松，从而能够有效地减少局部搜索中的循环问题。

（3）顶点选择策略：基于动态打分策略和加权格局检测策略而设计，用来选择向候选解中加入或从候选解中移出的顶点。

我们用现有最好的算法和 DLSWCC 算法在多组实例上（SPI、MPI、LPI 和MGI）进行了对比，实验结果证明了 DLSWCC 算法的有效性和高效性。在 SPI组所有实例上，DLSWCC 算法都找到了最优解。在 MPI 组的 71 个实例上，DLSWCC 算法找到了 22 个新的上界。在 LPI 组的 15 个实例上，DLSWCC 算法找到了 5 个新的上界。在 MGI 组的 56 个实例上，DLSWCC 算法找到了 52 个新的上界。我们还对不同版本的 DLSWCC 算法进行了对比，实验结果表明，本书提出的加权格局检测策略和动态打分策略可以帮助算法跳出局部最优解，并减少循环搜索。

第4章 最小有容量支配集问题求解

本章研究求解最小有容量支配集问题的局部搜索算法 LS_PD。该算法融入了基于顶点惩罚的打分策略、两种模式的被支配顶点选择策略和强化策略。基于顶点惩罚的打分策略能够使算法跳出局部最优，两种模式的被支配顶点选择策略帮助加入候选解的顶点选择要支配的顶点，强化策略减少顶点被支配的冗余现象从而提高算法的求解效率。在固定容量和变化容量的 UDG 和一般图上验证了 LS_PD 算法和三个策略的有效性。

4.1　基　本　概　念

本节先介绍一些基本概念和定义。首先介绍网络和图的联系，网络由节点和连线构成，在数学上，网络是一种无向图 $G(V, E)$，图的顶点表示网络的节点，边表示网络的连线。网络中的一些问题可以转换成最小有容量支配集问题求解。下面给出最小有容量支配集问题的形式化定义。

定义 4.1（候选解，candidate solution）　对于最小有容量支配集问题，给定一个无向图 $G(V, E)$，其中，V 为顶点集；E 为边集；一个顶点子集 $D \subseteq V$ 为图 G 的候选解。

定义 4.2（支配，dominate）　给定一个无向图 $G(V, E)$ 和一个候选解 $D \subseteq V$，如果边 $e = \{v, u\}, v \in D$，则称顶点 v 支配顶点 u，顶点 u 被顶点 v 支配。

定义 4.3（可行解，feasible solution）　对于最小有容量支配集问题，给定一个无向图 $G(V, E)$ 和一个候选解 $D \subseteq V$，如果 $V \setminus D$ 中的顶点都能被 D 中的顶点支配且每个顶点 $v_i \in D$ 支配其他顶点的数目小于该顶点的容量，则称 D 为图 G 的可行解。

定义 4.4（支配集合，dominate set）　给定一个无向图 $G(V, E)$ 和一个候选解 $D \subseteq V$，顶点 $v \in D$ 支配其他顶点的集合称为支配集合，记为 Dominate(v, D)。

定义 4.5（被支配集合，dominated set） 给定一个无向图 $G(V, E)$ 和一个候选解 $D \subseteq V$，在候选解中支配顶点 $v \in V \setminus D$ 的顶点的集合称为被支配集合，记为 $\text{Dominated}(v, D)$。

定义 4.6[34]（支配集，dominating set） 给定一个无向图 $G(V, E)$，其中，V 为顶点集；E 为边集；图 G 的支配集是顶点集的一个子集 $D \subseteq V$，使得 $V \setminus D$ 中的每个顶点至少与 D 中的一个顶点相连。

定义 4.7[34]（最小支配集问题） 给定一个无向图 $G(V, E)$，其中，V 为顶点集；E 为边集；图 G 的最小支配集问题是找出一个最小基数的支配集。最小支配集问题可以用如下的整数规划形式来描述：

$$\text{Minimize} \sum_{v_i \in V} x_i \qquad (4.1)$$

$$\text{s.t.} \sum_{v_j \in N[v_i]} y_{ji} \geqslant 1, \quad \forall v_i \in V \qquad (4.2)$$

$$y_{ij} \leqslant x_i, \quad \forall v_i, v_j \in V \qquad (4.3)$$

$$x_i, y_{ij} \in \{0,1\}, \quad \forall v_i, v_j \in V \qquad (4.4)$$

式中，$x_i = 1$ 表示顶点 v_i 在候选解中，否则 $x_i = 0$；$y_{ij} = 1$ 表示顶点 v_i 支配顶点 v_j，否则 $y_{ij} = 0$。式（4.1）为目标函数，即寻找最小基数的支配集，式（4.2）保证每个顶点在解中或者至少被解中一个顶点支配，式（4.3）和式（4.4）明确约束变量的取值范围。

图 4.1 给出了一个最小支配集的例子。图 4.1 由 13 个顶点和 16 条边构成。集合 $\{2,5,7,9,10\}$、$\{1,3,6,7\}$、$\{2,6,8,12,13,14\}$ 都是图 4.1 的支配集，但是集合 $\{2,6,7\}$ 为图 4.1 的最小支配集。

定义 4.8[40]（有容量的支配集） 给定一个无向图 $G(V, E)$，其中，V 为顶点集；E 为边集；每个顶点 $v_i \in V$ 对应一个容量 $\text{cap}(v_i)$，若一个支配集 D 满足每个顶点 $v_i \in D$ 支配顶点的数目 $|\text{Dominate}(v_i, D)| \leqslant \text{cap}(v_i)$，则称 D 为有容量的支配集。

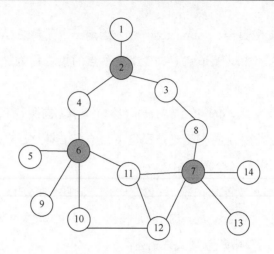

图 4.1　最小支配集为{2, 6, 7}

定义 4.9[40]（最小有容量支配集问题）　给定一个无向图 $G(V, E)$，其中，V 为顶点集；E 为边集；每个顶点 $v_i \in V$ 对应一个容量 $\text{cap}(v_i)$，图 G 的最小有容量支配集问题是找出一个最小基数的有容量支配集。最小有容量支配集问题可以用如下的整数规划形式来描述：

$$\text{Minimize} \sum_{v_i \in V} x_i \tag{4.5}$$

$$\text{s.t.} \sum_{v_j \in N[v_i]} y_{ji} \geqslant 1, \quad \forall v_i \in V \tag{4.6}$$

$$\sum_{v_j \in N[v_i]} y_{ij} \leqslant x_i \cdot \text{cap}(v_i), \quad \forall v_i \in V \tag{4.7}$$

$$y_{ij} \leqslant x_i, \quad \forall v_i, v_j \in V \tag{4.8}$$

$$x_i, y_{ij} \in \{0,1\}, \quad \forall v_i, v_j \in V \tag{4.9}$$

式中，$x_i = 1$ 表示顶点 v_i 在候选解中，否则 $x_i = 0$；$y_{ij} = 1$ 表示顶点 v_i 支配顶点 v_j，否则 $y_{ij} = 0$。式（4.5）为目标函数，即寻找最小基数的有容量支配集，式（4.6）保证每个顶点在解中或者至少被解中一个顶点支配，式（4.7）保证每个顶点的支配数不超过该顶点的容量，式（4.8）和式（4.9）明确约束变量的取值范围。

图 4.2 给出了一个最小有容量支配集的例子。图 4.2 由 13 个顶点和 16 条边构成，每个顶点有一个相等的容量等于 2。集合 {2,3,6,7,10,11,13,14}、{1,3,4,6,7,

10,11}、{2,5,7,8,9,10,12} 都是图 4.2 的有容量支配集，但是集合 {2,3,6,7,10,11} 为图 4.2 的最小有容量支配集。

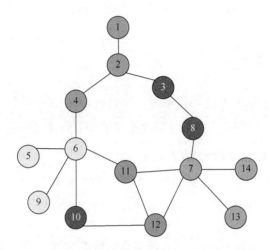

图 4.2　最小有容量支配集为 {2, 3, 6, 7, 10, 11}

4.2　基于顶点惩罚的打分策略

在局部搜索过程中，打分策略在顶点选择时起着重要作用，选择恰当的顶点加入候选解中或者移出候选解会使搜索向着更有效的方向进行。在本章中，顶点的打分主要依赖于顶点的罚值。下面先介绍顶点惩罚策略。

4.2.1　顶点惩罚策略

顶点惩罚策略是打分策略的一个关键部分。具体地，每个顶点对应一个正整数，称为罚值。在 LS_PD 算法搜索过程中，每次迭代最后未被支配的顶点的罚值就增加 1，从而可以避免算法陷入局部最优解。为更清楚地描述，我们给出顶点罚值的定义。

定义 4.10（顶点罚值，vertex penalty）　给定一个无向图 $G(V, E)$，对于每个顶点 $v \in V$ 都有一个罚值 penalty(v)，在搜索过程中顶点的罚值动态更新。

两条顶点罚值的更新规则与动态边权的更新方法类似，具体如下。

Penalty_Rule 1：在初始化阶段，每个顶点 $v \in V$ 的罚值 penalty(v) 初始值为 1。

Penalty_Rule 2：在每次循环迭代的最后，判断每个顶点 $v \in V$ 是否被当前候选解中的顶点支配，如果顶点 v 没有被支配，则 penalty(v) 加 1。

4.2.2　顶点打分策略

基于 4.2.1 节介绍的顶点惩罚策略，我们来介绍 LS_PD 算法中的顶点打分策略。与 3.2.2 节一样，顶点 v 的分数用来衡量改变 v 的状态的收益。在介绍顶点打分策略之前，先介绍一下候选解的评估。

已知一个候选解 $D \subseteq V$，评估候选解的函数定义如下：

$$\text{cost}(D) = \sum_{|\text{Dominated}(v,D)|=0 \wedge v \in V \setminus D} \text{penalty}(v) \tag{4.10}$$

式中，布尔函数 $|\text{Dominated}(v, D)|$ 表示顶点 v 被候选解 D 中顶点支配的次数，即存在几个与 v 有连接边的顶点在候选解 D 中；cost(D) 为未被支配顶点的罚值和，用来衡量候选解 D 的质量，cost(D) 值越小表明候选解 D 的质量越好，当 cost(D) 值为 0 时，候选解 D 为可行解。

已知一个候选解 $D \subseteq V$，评估顶点 v 状态改变的函数定义如下：

$$\text{score}(v) = \text{cost}(D) - \text{cost}(D') \tag{4.11}$$

式中，如果 $v \in D$，则 $D' = D \setminus \{v\}$，否则 $D' = D \cup \{v\}$；score(v) 值为改变顶点 v 的状态后对评估函数的收益，如果 $v \in D$，则 score(v) $\leqslant 0$，否则，score(v) > 0。

4.2.3　顶点选择方法

顶点的分数在决定选哪个顶点加入候选解或从候选解删除哪个顶点时是一个关键因素。除此之外还有另外一个因素是顶点的容量，在选择顶点时它也起着很重要的作用，尤其是当顶点的分数相同时。结合顶点的分数和顶点的容量，算法 VertexSelecting$_{\text{Add}}$() 描述了如何选择一个顶点并将该点加入候选解中，算法 VertexSelecting$_{\text{Remove}}$() 描述了如何选择一个顶点并将该点移出候选解。

算法 4.1 描述了如何选择一个顶点 $v \notin D$，并将 v 加入候选解中。如算法 4.1

中所描述，从所有不在候选解中的顶点里优先选择分数最高的顶点，如果有多个分数最高的顶点则选择容量最大的顶点。因为容量大的顶点可以支配更多的顶点，这样就很可能找到更小基数的有容量支配集。然后将选出的顶点 add_v 加入候选解中，并更新相关顶点的分数。最后返回加入候选解中的顶点 add_v。

算法 4.1　选择顶点加入候选解

VertexSelecting$_{\text{Add}}$ ()

1. initial max $\_$ score $\leftarrow -\infty$, max $\_$ cap $\leftarrow -\infty$, add $\_v \leftarrow -1$;
2. **for** each vertex v not in the candidate solution
3. 　**if** score(v) > max $\_$ score
4. 　　　　max $\_$ score $\leftarrow$ score(v) ;
5. 　　　　max $\_$ cap $\leftarrow$ cap(v) ;
6. 　　　　add $\_v \leftarrow v$;
7. 　**else if** score(v) = max $\_$ score and cap(v) > max $\_$ cap
8. 　　　　max $\_$ cap $\leftarrow$ cap(v) ;
9. 　　　　add $\_v \leftarrow v$;
10. 　**end if**
11. **end for**
12. add add $\_v$ into the candidate solution;
13. update scores of related vertices;
14. **return** add $\_v$;

算法 4.2 描述了如何选择一个顶点 $v \in D$，并将 v 移出候选解。如算法 4.2 中所描述，从所有候选解中的顶点里优先选择分数最高的顶点，如果有多个分数最高的顶点则选择容量最小的顶点。这里与算法 VertexSelecting$_{\text{Add}}$ () 不同，因为把容量小的顶点删除，容量大的顶点用来支配更多的顶点，从而找到更少基数的有容量支配集。然后将选出的顶点 remove $\_v$ 从候选解中移出，并更新相关顶点的分数。

算法 4.2　选择顶点移出候选解

VertexSelecting$_{\text{Remove}}$ ()

1. initial max $\_$ score $\leftarrow -\infty$, min $\_$ cap $\leftarrow +\infty$, remove $\_v \leftarrow -1$;
2. **for** each vertex v in the candidate solution
3. 　**if** score(v) > max $\_$ score

```
4.              max _ score ← score(v) ;
5.              min _ cap ← cap(v) ;
6.              remove _ v ← v ;
7.          else if score(v) = max _ score  and  cap(v) < min _ cap
8.              min _ cap ← cap(v) ;
9.              remove _ v ← v ;
10.     end if
11. end for
12. remove  remove _ v  from the candidate solution;
13. update  scores  of related vertices;
```

4.3　两种模式的被支配顶点选择策略

在最小支配集问题中，如果顶点 v 加入解中，则 v 的所有邻居都可以被 v 支配。然而，根据最小有容量支配集问题的定义，每个顶点有一个容量，该容量为该顶点能支配其他顶点个数的上界。因此，如果顶点 v 根据 4.2 节介绍的 VertexSelecting$_{\text{Add}}$() 算法被加入候选解中，则顶点 v 支配它的哪些邻居对算法的效率也很关键。因此本节提出了一个两种模式的被支配顶点选择策略。

应该指出，现有求解最小有容量支配集问题的算法如混合遗传算法和蚁群优化算法[46]用了一个随机模式来选择支配哪些邻居顶点，不考虑向解中加入顶点邻居的性质。让我们回忆一下 4.2.2 节介绍的顶点打分策略，根据式（4.10）和式（4.11），分数较低的顶点加入候选解中不利于提高候选解的质量，分数高的才更有助于提高候选解的质量。因此选择被支配的顶点时，我们优先选择分数低的顶点支配，这样分数高的顶点更有可能加入候选解中，从而提高候选解的质量。我们称这种选择被支配顶点的模式为贪婪模式。

本节中提出了一个两种模式的被支配顶点选择策略。该策略同时考虑了随机模式和贪婪模式，因为随机模式可以增加解的多样性，贪婪模式可以搜索到更好的候选解。算法 Two _ mode _ vertices _ dominated(v, D) 具体描述了两种模式的被支配顶点选择策略。

正如算法 4.3 所示，如果顶点 v 被加入候选解 D 中，然后用两种模式从 v 的邻居顶点中选择被支配的顶点。用概率 p 对两种模式进行选择。在 LS_PD 算法中，

以 p 的概率进入随机模式，以 $1-p$ 的概率进入贪婪模式。这里 p 赋值为顶点数除以边数，即 $p = n/m$，这意味着当图稠密时算法优先选择贪婪模式，当图稀疏时算法优先选择随机模式。

算法 4.3 两种模式的被支配顶点选择策略

Two _ mode _ vertices _ dominated(v, D)

1. $p \leftarrow n/m$;
2. rest _ cap $\leftarrow \text{cap}(v) - \sum\limits_{|\text{Dominated}(u,D)|=0 \wedge u \in N(v)} 1$;
3. **if** rand(0,1) < p
4.   **if** rest _ cap > 0
5. v dominates all the undominated neighbors;
6. v dominates other rest _ cap neighbors randomly;
7.   **else**
8. v dominates cap(v) undominated neighbors randomly;
9.   **end if**
10. **else**
11.   **if** rest _ cap > 0
12. v dominates all the undominated neighbors;
13. v dominates rest _ cap other neighbors greedily（preferring to the smaller score）;
14.   **else**
15. v dominates cap(v) undominated neighbors greedily（preferring to the smaller score）;
16.   **end if**
17. **end if**

在算法 4.3 中，rest _ cap 表示加入的顶点 v 支配所有当前未被支配的邻居顶点后剩余的容量，即顶点 v 的容量与邻居中未被支配顶点数的差值（第 2 行）。如果 rest _ cap > 0，表示 v 支配所有其未被支配的邻居后还有剩余的容量，反之没有剩余的容量。在随机模式（第 4～9 行）中，如果 rest _ cap > 0，则顶点 v 支配所有邻居中未被支配的顶点，然后随机支配其他 rest _ cap 个邻居，此时 v 的邻居顶点都被支配；否则，直接随机支配 cap(v) 个未被支配的邻居顶点，此时 v 的邻居中还有未被支配的顶点。在贪婪模式（第 11～16 行）中，如果 rest _ cap > 0，则顶点 v 支配所有邻居中未被支配的顶点，然后贪婪支配其他 rest _ cap 个邻居，此时 v 的邻居顶点都被支配；否则，直接贪婪支配 cap(v) 个未被支配的邻居顶点，此时 v 的邻居中还有未被支配的顶点。

4.4　强 化 策 略

对于有容量支配集问题，在局部搜索过程中，存在一种很常见的现象就是一个顶点同时被多个顶点支配，这种冗余的现象不利于算法找到最优解，应该尽可能地避免这种现象发生。因此，本节提出了一个强化策略来减少上述现象，从而使 LS_PD 算法找到更优的解。

在算法 4.4 中，集合 $D \subseteq V$ 表示候选解，Dominated(v, D) 表示支配顶点 v 的顶点集，Dominate(v, D) 表示被顶点 v 支配的顶点集，集合 Mul_dominated $= \{v \,\|\, \text{Dominated}(v, D)\,|> 0\}$ 表示被多个顶点支配的顶点集。已知一个顶点 $v \in$ Mul_dominated，$u \in$ Dominated(v, D)，如果存在一个顶点 $m \in N(u)$ 未被当前候选解中的顶点支配，则该策略让顶点 u 优先支配顶点 m 而不是 v。在每次迭代搜索的最后，强化策略会检查集合 Mul_dominated 中的每个顶点，使得候选解中的顶点尽可能支配更多顶点来减少冗余现象发生，从而达到提高候选解质量的效果。

算法 4.4　强化策略

---
intensification(D)

---
1. Mul_dominated $\leftarrow \{v \,\|\, \text{Dominated}(v, D)\,|> 1\}$;
2. **for** each vertex $v \in$ Mul_dominated
3. 　　**for** each $u \in$ Dominated(v, D)
4. 　　　　**if** $\exists m \in N(u)$ and $|\,\text{Dominated}(m, D)\,|= 0$
5. 　　　　　　Dominated$(m, D) \leftarrow \{u\}$;
6. 　　　　　　Dominate$(u, D) \leftarrow$ Dominate$(u, D) \bigcup \{m\} \setminus \{v\}$;
7. 　　　　**end if**
8. 　　**end for**
9. **end for**

为更清楚地表达强化策略，下面用一个例子来说明它。

例 4.1　如图 4.3 所示，假设图中顶点 a 的容量为 2[cap$(a) = 2$]，顶点 b 的容量为 3[cap$(b) = 3$]，其他顶点的容量均为 1。在某一状态下，顶点 a 和顶点 b 在候选解 D 中，a 支配顶点 c 和 f，b 支配顶点 f、g 和 h，在这种情况下顶点 f 被顶点

a 和顶点 b 支配，而 a 的邻居顶点 d 和 e 还没有被任何顶点支配。如果再将顶点 d
和 e 加入候选解中，则得到了基数为 4 的可行解 $D = \{a,b,d,e\}$。如果我们调用了
算法 intensification(D)，这时顶点 a 会支配顶点 $d(e)$ 而不是 f，再将 $e(d)$ 加入候选
解中，不妨假设让顶点 a 支配顶点 d，则得到了基数为 3 的可行解 $D = \{a,b,e\}$，
如图 4.4 所示。由此可见，强化策略可以有效地减小解的基数。需要注意的是，
在图 4.3 和图 4.4 中涂有一样图案的顶点被同一顶点支配。

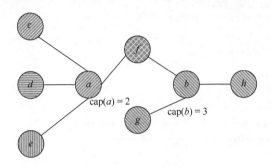

图 4.3　强化策略使用之前候选解 $D = \{a,b,d,e\}$

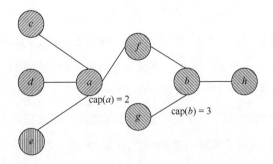

图 4.4　强化策略使用之后候选解 $D = \{a,b,e\}$

4.5　LS_PD 算法的描述

根据 4.2 节～4.4 节提出的几个有效的策略，我们在本节提出算法 LS_PD 的
局部搜索框架。在该框架中，一旦一个基数为 k 的有容量支配集被找到，则 LS_PD
就从候选解 D 中移出一个顶点，接下来的主要任务就是寻找一个基数为 $k-1$ 的有

容量支配集。通过这种方式，局部搜索逐步迭代找到一个更优的解。LS_PD 算法框架的具体内容如算法 4.5 所示。

算法 4.5　LS_PD 算法框架

LS_PD()

---

1. initialize vertex penalties and scores of vertices；
2. initialize the candidate solution D greedily；
3. $D^* \leftarrow D$；
4. **while** stop criterion is not satisfied **do**
5. 　　**while** D is a capacitated dominating set **then**
6. 　　　　$D^* \leftarrow D$；
7. 　　　　VertexSelecting$_{\text{Remove}}$()；
8. 　　**end while**
9. 　　　　VertexSelecting$_{\text{Remove}}$()；
10. 　　　　$v \leftarrow$ VertexSelecting$_{\text{Add}}$()；
11. 　　　　Two_mode_vertices_dominated(v, D)；
12. 　　　　penalty$(u) \leftarrow$ penalty$(u) + 1$，for each undominated vertex u by D；
13. 　　　　intensification(D)；
14. **end while**
15. **return** D^*；

从算法 4.5 中可以看出，LS_PD 遵循一般的局部搜索过程。在初始化阶段，对顶点的罚值和分数进行初始化（第 1 行），根据 Penalty_Rule 1 规则每个顶点的罚值都初始化为 1，根据式（4.10）和式（4.11），每个顶点的分数都初始化为该顶点的度。然后贪婪构造初始候选解 D，即每次向候选解中加入顶点分数最大的顶点直到候选解变为可行解，若存在多个可以选择的顶点则随机选择一个加入候选解中。用 D^* 存放全局最优解，初始化为候选解 D（第 3 行）。接下来调用局部搜索算法来提高初始候选解 D。

在局部搜索过程中，从第 4 行到第 14 行为外层循环，循环的停止条件为达到时间限制或最大迭代次数。如果候选解 D 变为可行解（第 5 行），即 D 中顶点支配图中所有顶点，则算法更新全局最优解 D^*（第 6 行）。这里可以保证这次找到的可行解一定优于上次找到的可行解，因为每次都找基数更小的可行解，接下来继续寻找更优的可行解。搜索调用算法 VertexSelecting$_{\text{Remove}}$() 来选择一个顶点并移出候选解，一直删除到候选解 D 变为不可行解（有时会需要删除多个顶

点, 是因为候选解 D 中存在冗余的点, 删除冗余的点, 候选解 D 中的顶点仍可以
支配图中所有顶点)。此外, 再调用算法 VertexSelecting$_{Remove}$() 来选择一个顶点
并移出候选解(第 9 行)。此时候选解 D 是不可行解, 调用算法 VertexSelecting$_{Add}$()
来选择一个顶点并加入候选解中 (第 10 行)。若加入顶点 v, 则根据两种模式的
被支配顶点选择策略来选择 v 支配哪些邻居顶点 (第 11 行)。随后检查每个顶点
是否被支配, 将未被支配顶点的罚值增加 1 (第 12 行)。最后调用强化策略
intensification(D), 使得候选解中的顶点尽可能支配更多顶点来减少冗余现象发
生, 从而达到减少候选解基数的目的。当外层循环停止条件满足时, 算法结束
并返回全局最优解 D^*。对于每个实例, LS_PD 算法每次运行的停止条件是达到
最大迭代数 (1000000 次)。

4.6   实 验 分 析

本节将对我们提出的算法在大量基准实例上进行测试, 并和以前求解最小有
容量支配集问题的算法进行比较, 从而说明 LS_PD 算法的有效性。另外从实验结
果和运行时间分布的角度, 讨论基于顶点惩罚的打分策略、两种模式的被支配顶
点选择策略和强化策略的有效性。

4.6.1   基准实例

为验证 LS_PD 算法和基于顶点惩罚的打分策略、两种模式的被支配顶点选择
策略和强化策略的有效性, 本书在大量的基准实例上进行了实验, 这些实例已
广泛用于测试最小有容量支配集问题和其他组合优化问题。这些图主要分为以
下两类。

(1) UDG: 顶点数分别为 50、100、250、500、800 和 1000, 覆盖范围为
150 和 200 单位。

(2) 一般图: 顶点数分别为 50、100、250、500、800 和 1000, 边数范围为
100~10000。

其中，UDG 使用拓扑生成器生成，由文献[108]提供，一般图由文献[109]提供。UDG 对于每一个顶点数和覆盖范围的组合都有 10 个实例，一般图对于每一个顶点数和边数的组合都有 10 个实例。同文献[45]和[46]中用来测试的图一样，顶点的容量一般分为两类：一类是固定容量的；另一类是变化容量的。固定容量的实例，顶点的容量有 3 种赋值，分别为 2、5 和顶点的平均度（α）。变化容量的实例，顶点的容量有 3 种赋值，分别从（2，5）、（$\alpha/5, \alpha/2$）和[1, α]三个区间选取。

4.6.2　现有算法介绍

将 LS_PD 算法和现有的几个最优的求解最小有容量支配集问题的启发式算法进行对比。下面简要介绍这些算法。

（1）最大覆盖最小度启发式（maximum-coverage lowest-degree heuristic，MC-LDEG）算法[45]：该算法是一个贪婪的启发式算法。其主要思想是在满足容量限制的条件下，每次选择的顶点要支配尽可能多的未被支配的顶点。

（2）蚁群优化算法[46]：该算法是一个元启发式算法，源于蚂蚁在寻找食物过程中发现路径的行为。在文献[46]中引入了一个预处理步骤，使得在算法的开始用很小的代价就能增强算法的勘探能力。

（3）混合遗传算法[46]（hybrid genetic algorithm，HGA）：该算法是将最大覆盖最小度启发式算法与遗传算法混合得到的。

MC-LDEG、ACO 和 HGA 这三个算法对于 UDG 中的每个顶点数和覆盖范围的组合，以及一般图的每个顶点数和边数的组合，都是 10 个实例各运行一次取平均值作为实验结果。因此在我们的算法中也和这三个算法相同。我们用 C 语言实现 LS_PD 算法，测试实验在一台个人计算机上运行，配置是 Intel® Xeon®E7-4830 CPU（2.13GHz）。ACO 算法与 HGA 算法是和 LS_PD 算法在同一台计算机上运行的。由于没有提供 MC-LDEG 算法的可执行代码，实验结果来自文献[45]的实验结果。

4.6.3　固定容量的实验结果

第一个实验是在固定容量的图上比较 LS_PD 算法与目前最优算法的性能，这里我们同时测试了 UDG 和一般图。其中容量分别为 2、5 和顶点的平均度（α）。

表 4.1 给出了 MC-LDEG 算法、ACO 算法、HGA 算法和 LS_PD 算法求解固定容量的 UDG 的实验结果。在表 4.1 中，前两列为顶点数和覆盖范围，列 2、5、α 分别表示每个算法求解容量为 2、5、α 的实验结果。行"平均值"表示每个算法求得不同容量实例的解的平均值。加粗的数值表示几个算法中求得的最优解。从表中可以看出，ACO 算法、HGA 算法和 LS_PD 算法明显优于贪婪算法 MC-LDEG。HGA 算法和 ACO 算法对比，在 36 个实例中，HGA 算法找到了 31 个优于 ACO 算法的解，ACO 算法只找到了 4 个优于 HGA 算法的解，另外一个实例找到了相同的解。对于 LS_PD 算法，可以很明显看到，该算法找到的解的质量要明显优于其他几个算法。

表 4.1　固定容量的 UDG 的实验结果

顶点数	覆盖范围	MC-LDEG			ACO			HGA			LS_PD		
		2	5	α	2	5	α	2	5	α	2	5	α
50	150	21.1	15.6	17.9	17.9	13.5	15.2	18.1	13	14.7	**17.2**	**12.9**	**14.4**
50	200	20.4	12.7	12.7	17.6	10.8	10.8	17.7	10.5	10.5	**17**	**10**	**10**
100	150	41.2	23.3	23.3	35.9	20.8	20.8	36.4	20.6	20.6	**34.5**	**18.8**	**18.9**
200	200	41.4	21	14.1	35.5	18.7	12.5	35.8	18.7	11.8	**34.1**	**17.4**	**11**
250	150	104	48.4	25.1	92.6	46.5	22.6	92.5	46.4	21.8	**86**	**43.7**	**19.4**
250	200	106.4	47.8	15.3	92.1	45.9	13.7	91.9	44.9	13	**85.4**	**43**	**11.5**
500	150	212.7	95.7	26.3	187.7	93.3	24.5	187.4	91.2	22.7	**171.6**	**86.2**	**20.7**
500	200	213.5	95.4	15.7	187	92.1	14.2	186.5	90.4	13.8	**170.3**	**85**	**12.1**
800	150	343.4	152.7	27.4	303.5	149.7	26.1	301.1	145.4	24	**273.9**	**137**	**21.3**
800	200	344.3	152	16.3	302.6	146.8	14.7	301.1	144	14.5	**272.4**	**135.7**	**12.6**
1000	150	428.4	190.8	27.2	380.8	186.7	25.9	377.6	181.5	24.5	**342.6**	**171**	**21.5**
1000	200	430.5	190.6	17	379.5	183.7	15.2	377.3	179.8	14.5	**340.4**	**169.6**	**12.9**
平均值		192.3	87.2	19.9	169.4	84.0	18.0	168.6	82.2	17.2	**153.8**	**77.5**	**15.5**

表 4.2 给出了 MC-LDEG 算法、ACO 算法、HGA 算法和 LS_PD 算法求解固定容量的一般图的实验结果。表中加粗的数值表示最优解。在表 4.2 中前两列为顶点数和边数，列 2、5、α 和行"平均值"与表 4.1 的含义相同。从表 4.2 也可以看出，我们的 LS_PD 算法在所有的例子上都优于或等于其他算法找到的解。值得一提的是，我们的算法在这 54 个实例上找到了 52 个新的上界。

表 4.2　固定容量的一般图的实验结果

顶点数	边数	MC-LDEG			ACO			HGA			LS_PD		
		2	5	α	2	5	α	2	5	α	2	5	α
50	100	20.3	14.2	15.2	17.3	13	13.4	17.5	12.1	12.7	**17**	**11.9**	**12**
50	250	19.9	10.1	7	17	9.1	6.9	17.2	9.1	6.5	**17**	**9**	**6**
50	500	19.3	9.5	4.2	17	**9**	4.1	17	**9**	**3.8**	**17**	**9**	**3.8**
100	100	43.6	39.5	43.6	36.9	35.7	36.9	35.5	35	35.5	**34**	**33.6**	**34**
100	250	39.3	26.1	26.1	36.2	22.8	22.8	36	22.4	22.4	**34**	**20.3**	**20.2**
100	500	39.6	21.1	15.3	35.6	19.2	14.9	35.3	19.1	14.1	**34**	**17**	**12.2**
250	250	108.8	100	108.8	92.6	93.1	92.6	91	89.5	91	**84**	**83.5**	**84**
250	500	99.4	71.1	77.7	95.2	66.7	68.7	93.5	64.4	68.5	**84**	**59.9**	**61.7**
250	1000	98.3	55.8	45.4	93.2	54.3	43.7	92.2	52.7	42.4	**84**	**45**	**37.9**
500	500	216.5	201.2	216.5	190.2	190	190.2	185.9	181.5	185.9	**168.6**	**168.3**	**168.4**
500	1000	199.2	141.2	153.4	194.7	136.8	143.5	191.2	131.9	140.2	**170.2**	**121.5**	**126.4**
500	2000	197	109.4	91.2	189.3	107.7	89.7	186.9	107.3	88.6	**167.5**	**92.2**	**78.6**
800	1000	330.8	281.3	330.8	312.8	279.8	312.8	303.3	264.9	303.3	**274.2**	**253.2**	**274**
800	2000	317.1	209.4	209.4	308.7	207.4	207.4	307	200.8	200.8	**272.7**	**176.2**	**178.1**
800	5000	313	156.8	104.3	301.9	152.5	101.6	298	154.2	101.9	**267.8**	**140.4**	**92.2**
1000	1000	431.7	399.5	431.7	385.9	385	385.9	377.5	370.3	377.5	**338.4**	**338.7**	**338.4**
1000	5000	391.6	205.7	152.6	380	200.8	149.6	375.6	202.3	150.8	**336**	**181**	**137.4**
1000	10000	391.3	187.7	88.7	378.3	183.4	85.6	372.1	184.1	86.4	**334**	**171**	**81.3**
平均值		182.0	124.4	117.9	171.3	120.4	109.5	168.5	117.3	107.4	151.9	107.3	97.0

总的来说，从表 4.1 和表 4.2 可以得出，ACO 算法、HGA 算法和 LS_PD 算法都要优于 MC-LDEG 算法，原因是纯粹的贪婪策略会使算法很容易陷入局部最优，其他几个算法都有跳出局部最优的策略。除此之外，还能看出我们的算法在

固定容量的 UDG 和一般图上，找到的解都要明显优于 ACO 算法和 HGA 算法。这足以说明我们提出策略的有效性。

表 4.3 和表 4.4 分别给出了 ACO 算法、HGA 算法和 LS_PD 算法在求解固定容量的 UDG 和一般图上找到最优解的平均时间（单位：s）。由于 MC-LDEG 算法没有提供可执行程序，因此本节只对比了 ACO 算法和 HGA 算法。表中加粗的数值表示几个算法中找到最优解的平均时间最短。相对来说，HGA 算法要比 ACO 算法快些，尤其是在规模较大的实例上。此外，LS_PD 算法在 UDG 和一般图上，就时间而言在绝大多数实例上都要快于 ACO 算法和 HGA 算法。这是因为我们的算法能够有效地跳出局部最优解，节省了时间。

表 4.3　固定容量的 UDG 所用的时间

顶点数	覆盖范围	容量 = 2			容量 = 5			容量 = α		
		ACO	HGA	LS_PD	ACO	HGA	LS_PD	ACO	HGA	LS_PD
50	150	2.7	1	**0.1**	2.8	0.9	**0.0**	2.3	1	**0.0**
50	200	2.4	1	**0.0**	2.8	0.8	0.1	2.8	0.8	**0.0**
100	150	8.8	3.5	**0.0**	8.1	**2.6**	2.7	7.7	**2.4**	2.6
100	200	7.1	3.3	**0.0**	6.9	3.1	**0.0**	9.1	2.3	**0.0**
250	150	38	18.9	**0.0**	28.2	24.1	**0.4**	34.8	**8**	8.3
250	200	31.2	18.2	**0.0**	23	19.8	**0.0**	27.9	7.2	**1.7**
500	150	129.3	83.1	**0.1**	84.8	100	**0.1**	99.9	**20.3**	79.4
500	200	130	91	**0.0**	74.1	69.3	**0.0**	82.9	**16**	22.5
800	150	360.6	241.4	**0.2**	207.1	238.6	**0.2**	264.9	**44.1**	250.1
800	200	394.2	244.1	**0.1**	218.2	152.7	**0.0**	198.3	**35.2**	129.5
1000	150	582.2	420.8	**0.2**	337.2	346	**1.0**	340.3	**65.5**	319.7
1000	200	631.1	414.4	**0.1**	365.4	253.4	**0.1**	289.4	41	**21.4**
平均值		193.1	128.4	0.1	113.2	100.9	0.4	113.4	20.3	69.6

表 4.4　固定容量的一般图所用的时间

顶点数	边数	容量 = 2			容量 = 5			容量 = α		
		ACO	HGA	LS_PD	ACO	HGA	LS_PD	ACO	HGA	LS_PD
50	100	2.5	1	**0.0**	2.6	12.1	**0.0**	2.1	1	**0.0**
50	250	2.1	1	**0.0**	2.2	9.1	**0.0**	2	0.9	**0.1**
50	500	2.2	1.1	**0.0**	1.8	9	**0.0**	2	0.8	**0.0**

续表

顶点数	边数	容量 = 2			容量 = 5			容量 = α		
		ACO	HGA	LS_PD	ACO	HGA	LS_PD	ACO	HGA	LS_PD
100	100	6.1	3.9	**0.0**	10.4	35	**0.2**	6.2	3.7	**0.0**
100	250	9	3.9	**0.0**	9.3	22.4	**5.9**	9.1	**2.7**	5.9
100	500	7.2	3.5	**0.0**	6.6	19.1	**0.1**	6	2.7	**2.6**
250	250	46.2	37.2	**3.6**	84.6	89.5	**11.6**	46.4	36.2	**2.1**
250	500	82.7	42.4	**5.7**	90.4	64.4	**46.0**	76.7	25.5	**17.8**
250	1000	52.1	34.1	**10.0**	57.6	52.7	**32.6**	55.2	**26.4**	41.1
500	500	281	253.8	**0.0**	537.8	181.5	**10.7**	273.7	250.8	**32.3**
500	1000	567	308.6	**55.5**	581	131.9	**80.5**	536.2	181.1	**59.0**
500	2000	300	234.7	**38.4**	338.8	107.3	**71.3**	335.4	206.2	**101.0**
800	1000	2579.5	979.9	**160.9**	3282.1	264.9	**101.8**	2594.8	975.8	**120.8**
800	2000	2099.9	1252.9	**127.1**	2240.6	**200.8**	223.6	2262.4	952.3	**159.2**
800	5000	633.1	773.4	**44.4**	633.1	154.2	**131.6**	683.2	607.6	**329.4**
1000	1000	2251.9	1733.9	**136.5**	3729.3	370.3	**75.7**	2231.3	1714.9	**134.7**
1000	5000	1703.5	1728.1	**126.0**	1916.3	202.3	**140.3**	2000.7	1528.8	**352.2**
1000	10000	734.5	1104.5	**4.2**	614.5	184.1	**62.7**	726.6	823.1	**604.8**
平均值		631.1	472.1	39.6	785.5	117.3	55.3	658.3	407.8	109.1

4.6.4　变化容量的实验结果

　　本书将在变化容量的图上比较 LS_PD 与目前最优算法的性能，这里我们同时测试了 UDG 和一般图。其中容量分别在区间（2, 5）、（$\alpha/5$, $\alpha/2$）和[1, α]范围内选取。

　　表 4.5 给出了 MC-LDEG 算法、ACO 算法、HGA 算法和 LS_PD 算法求解变化容量的 UDG 的实验结果。表中加粗的数值表示最优解。和固定容量的结果很相似，ACO 算法、HGA 算法和 LS_PD 三个算法要明显优于贪婪算法 MC-LDEG。HGA 算法和 ACO 算法对比，在 36 个实例中，HGA 有 17 个效果比 ACO 算法好，ACO 算法也有 17 个效果比 HGA 算法好，其他 2 个实例找到了相同的解。此外，LS_PD 算法能在所有的实例上找到比 HGA 算法和 ACO 算法好的解。

表 4.5　变化容量的 UDG 的实验结果

顶点数	覆盖范围	MC-LDEG			ACO			HGA			LS_PD		
		$(2, 5)$	$(\alpha/5, \alpha/2)$	$[1, \alpha]$	$(2, 5)$	$(\alpha/5, \alpha/2)$	$[1, \alpha]$	$(2, 5)$	$(\alpha/5, \alpha/2)$	$[1, \alpha]$	$(2, 5)$	$(\alpha/5, \alpha/2)$	$[1, \alpha]$
50	150	16.1	31	19.1	15	25.6	17.1	14.7	25.6	17.2	**14.5**	**25.4**	**16.7**
50	200	12.7	21.1	13.7	12	17.9	12.7	11.4	18.1	12.5	**11.1**	**17.3**	**12.1**
100	150	25.8	37.4	25.6	23.7	33.1	24.1	23.4	33.2	23.3	**21.8**	**30.3**	**21.4**
100	200	21.3	21	15.2	19.2	19.5	14.3	19.2	19.4	13.8	**17.8**	**17.8**	**13**
250	150	49.7	37.6	26.8	46.3	35	24.7	47	35.7	24.3	**43**	**32.4**	**21.9**
250	200	47.6	22.6	16.9	45.2	20.7	15.5	45.1	21.4	15	**42**	**19.2**	**13**
500	150	95.8	39.2	30	92.1	35.7	26.6	92.2	37	26.8	**84.9**	**32.9**	**22.6**
500	200	95.2	24.2	17.6	91.9	21.4	16	90.3	22.3	15.8	**84**	**19.4**	**13**
800	150	151.7	40.4	29.7	148	36.7	26.9	146.1	38	27.7	**134.9**	**33.3**	**22.7**
800	200	151.7	24.3	18	148.2	21.9	16.5	144.7	23.1	16.6	**134.1**	**19.8**	**13.2**
1000	150	189.2	41	29.8	185.5	37.4	27.3	183	38.6	28.4	**168.6**	**33.5**	**22.6**
1000	200	189	25.1	18.4	185.7	22.1	16.7	180.9	23.1	16.5	**167.5**	**20**	**13**
平均值		87.2	30.4	21.7	84.4	27.3	19.9	83.2	28.0	19.8	77.0	25.1	17.1

　　表 4.6 是变化容量的一般图的实验结果。表中加粗的数值表示最优解。从表中可看出，ACO 算法、HGA 算法和 LS_PD 算法明显优于 MC-LDEG 算法。HGA 算法和 ACO 算法对比，在 54 个实例中，HGA 算法有 27 个效果比 ACO 算法好，ACO 算法有 24 个效果比 HGA 算法好，其他 3 个实例找到了相同的解。LS_PD 算法一共找到了 51 个比 ACO 算法和 HGA 算法好的解，另外 3 个实例中有 2 个是与 ACO 算法和 HGA 算法相同的解，只有 1 个没有 ACO 算法好(顶点数为 1000，边数为 10000，容量的取值区间为 $[1, \alpha]$)。

表 4.6　变化容量的一般图的实验结果

顶点数	边数	MC-LDEG			ACO			HGA			LS_PD		
		$(2, 5)$	$(\alpha/5, \alpha/2)$	$[1, \alpha]$	$(2, 5)$	$(\alpha/5, \alpha/2)$	$[1, \alpha]$	$(2, 5)$	$(\alpha/5, \alpha/2)$	$[1, \alpha]$	$(2, 5)$	$(\alpha/5, \alpha/2)$	$[1, \alpha]$
50	100	15.1	21.7	16.3	14.3	18.3	15	13.2	18.9	14.5	**13**	**17.7**	**13.7**
50	250	10.3	10.5	8.6	9.8	9.6	8.4	9.2	9.6	7.8	**9**	**9**	**7.2**
50	500	9.8	6	4.5	**9**	5.2	4.3	**9**	5.1	**3.9**	**9**	**5**	**3.9**
100	100	41.6	63.9	47.6	36	51.6	41.1	35.4	51.7	40.7	**33.7**	**50**	40.1
100	250	26.8	42.6	28.5	26.2	38.2	27.1	24.7	38.4	26	**22.3**	**34.9**	**23.7**
100	500	21.4	21.4	16.2	19.9	19.9	15.6	20	19.6	15.5	**17.2**	**17.3**	**14.1**

续表

顶点数	边数	MC-LDEG			ACO			HGA			LS_PD		
		(2, 5)	($\alpha/5$, $\alpha/2$)	[1, α]	(2, 5)	($\alpha/5$, $\alpha/2$)	[1, α]	(2, 5)	($\alpha/5$, $\alpha/2$)	[1, α]	(2, 5)	($\alpha/5$, $\alpha/2$)	[1, α]
250	250	103.3	156.4	113.4	93.1	132.7	104.8	90.7	132.9	102.6	**83.7**	**125**	**99**
250	500	75.4	107.6	82.2	74.6	102.2	81.5	72.1	102	77.7	**66.5**	**91.4**	**71.5**
250	1000	57.6	65.6	49.5	55.7	61.7	47	56.1	63.1	47.4	**48.4**	**54.9**	**44.6**
500	500	209.4	314	231.2	190.1	269.7	216.6	185.3	270	212.3	**168.2**	**251.1**	**203.2**
500	1000	153.1	214	166.2	151.9	205.8	163	146.8	206.1	162	**135.2**	**183.5**	**147.7**
500	2000	115	131.1	98.6	111	124.9	94.3	112.4	127.2	96.2	**98.9**	**110.8**	**92.6**
800	1000	298.7	496.7	356.6	295.7	437.4	348	279.4	437.4	339.2	**261.7**	**401.6**	**310.5**
800	2000	222.4	339.6	228.7	219.6	328.8	223	219	329.6	225.3	**199.1**	**292.2**	**208.2**
800	5000	162.8	146.6	109.3	157.1	140.6	105.2	159	142.7	107.1	**144.5**	**127**	**104.8**
1000	1000	413	628.7	457.5	385	545.8	437.5	374	545.5	428.3	**338.6**	**505.6**	**405**
1000	5000	213.1	213.2	164.7	206.4	206.6	157.7	209.5	208.3	160.3	**189.4**	**188**	**156.4**
1000	10000	191.4	118.4	92.9	186.2	113.7	**88.4**	188	115.5	90.3	**172.2**	**104.7**	92.4
平均值		130.0	172.1	126.3	124.6	156.3	121.0	122.4	156.9	119.8	111.7	142.8	113.3

　　总体来说，从表 4.5 和表 4.6 可以看出，与其他算法相比，我们的算法在变化容量的实例上，无论 UDG 还是一般图都有很好的效果。

　　表 4.7 和表 4.8 分别给出了 ACO 算法、HGA 算法和 LS_PD 算法在求解固定容量的 UDG 和一般图上找到最优解的平均时间（单位：s）。表中加粗的数值表示几个算法中找到最优解的平均最短时间。从表中可以看出，大部分实例上 HGA 算法要比 ACO 算法快。在 UDG 上，ACO 算法在一部分实例上要比我们提出的算法快。在一般图上，我们的算法在大部分实例上要比 HGA 算法和 ACO 算法快。总的来说，无论 UDG 还是一般图，我们的算法在大部分实例上都要快于其他算法。这展现了我们提出算法的高效性，4.6.5 节将讨论基于顶点惩罚的打分策略、两种模式的被支配顶点选择策略和强化策略的有效性。

表 4.7　变化容量的 UDG 所用的时间

顶点数	覆盖范围	容量取值范围为（2, 5）			容量取值范围为（$\alpha/5$, $\alpha/2$)			容量取值范围为[1, α]		
		ACO	HGA	LS_PD	ACO	HGA	LS_PD	ACO	HGA	LS_PD
50	150	3.5	1.1	**0.0**	2.9	1.1	**0.0**	3.3	1.1	**0.1**
50	200	2.8	1	**0.0**	2.9	1.1	**0.1**	3.2	1	**0.5**
100	150	10.2	4.5	**3.5**	9.4	**4.5**	6.7	12.4	**3.7**	4.3

续表

顶点数	覆盖范围	容量取值范围为（2, 5）			容量取值范围为（$\alpha/5, \alpha/2$）			容量取值范围为[1, α]		
		ACO	HGA	LS_PD	ACO	HGA	LS_PD	ACO	HGA	LS_PD
100	200	8.4	3.9	**3.7**	9	3.6	**3.4**	9.7	3.4	**0.8**
250	150	37.6	30.8	**18.4**	38	**24.1**	25.2	44.4	18.6	**6.1**
250	200	30.5	**29.7**	36.0	28.7	17.6	**13.3**	36.1	13.8	**5.5**
500	150	132.1	152	**35.7**	116	98.4	**35.9**	131.8	73.6	**55.7**
500	200	117	132.5	**33.4**	89.1	**75.8**	116.3	107.7	**47.3**	53.0
800	150	365.3	497.9	**251.8**	271.9	269.8	**91.8**	356.1	204.3	**163.0**
800	200	**349.2**	435.6	595.3	218.9	202.8	**100.1**	273.8	**72.1**	76.5
1000	150	617.9	881.9	**235.4**	409.7	404.6	**173.6**	470.2	**265.5**	500.4
1000	200	601.4	795.6	**408.1**	319.6	321.6	**88.2**	351.1	**146.2**	319.3
平均值		189.7	247.2	135.1	126.3	118.8	54.6	150.0	70.9	98.8

表 4.8　变化容量的一般图所用的时间

顶点数	边数	容量取值范围为（2, 5）			容量取值范围为（$\alpha/5, \alpha/2$）			容量取值范围为[1, α]		
		ACO	HGA	LS_PD	ACO	HGA	LS_PD	ACO	HGA	LS_PD
50	100	3.4	1.1	**0.2**	3	1.1	**0.4**	3.1	0.9	**0.8**
50	250	2.2	0.9	**0.0**	2.2	1	**0.2**	2.3	0.9	**0.6**
50	500	2	1.1	**0.0**	1.9	0.9	**0.0**	2.1	0.9	**0.0**
100	100	12.9	3.8	**0.1**	12.7	3.9	**0.1**	11.7	4.4	**0.0**
100	250	12	**4.1**	8.9	10.8	**4.6**	6.7	11.5	**4.2**	7.4
100	500	7.7	**3.5**	6.5	7.5	**3.9**	6.4	8.7	**3.4**	5.9
250	250	128.7	36.1	**6.6**	105.7	40.4	**8.9**	102.9	40.7	**6.6**
250	500	115.7	53.8	**20.7**	95.6	48.2	**19.3**	106.4	46.1	**18.7**
250	1000	74.5	41.6	**20.6**	64.6	40.8	**20.2**	74	35.4	27.3
500	500	895.3	243.3	**60.4**	658.1	288.8	61.2	735.8	296.3	**28.3**
500	1000	828.8	320.5	**104.5**	632.8	352.7	**36.5**	706.1	346.2	55.0
500	2000	367.9	289.8	**63.2**	363.9	280.3	**59.8**	438.4	261	99.8
800	1000	4037.9	1210.3	**180.3**	2368	1101.4	**85.9**	2961.3	1341.4	**90.1**
800	2000	2651.8	1404	**174.9**	2256	1316.6	**107.6**	3127.4	1392.6	**124.8**
800	5000	838.9	839.8	**161.5**	900.9	810	**101.8**	1063.6	726.6	**227.2**
1000	1000	7318.9	1683	**139.9**	4941.1	2159.6	**108.9**	6013.6	2277.3	**146.0**
1000	5000	2609.5	1891.8	**175.7**	2692.5	1759.4	**118.4**	3406.4	1740.8	**335.5**
1000	10000	971.3	1249.1	**207.2**	1091.9	1026.1	**123.0**	1542.9	911.9	**387.0**
平均值		1160.0	515.4	74.0	900.5	513.3	48.1	1128.8	523.9	86.7

4.6.5　讨论

通过 4.6.4 节的讨论可知，LS_PD 算法要明显优于现有的启发式算法。本节进一步研究 LS_PD 算法中每个策略的有效性，即基于顶点惩罚的打分策略（4.2 节）、两种模式的被支配顶点选择策略（4.3 节）和强化策略（4.4 节）。我们主要在容量为 2 和（2, 5）的一般图上对这三个策略的有效性进行了测试。我们重写了 LS_PD 算法，获得 LS_PD 如下的三个版本。

未用顶点惩罚的打分策略（LS_PD without vertex penalizing strategy，LS_PD-P）版本：与 LS_PD 的区别在于，LS_PD-P 用了静态打分策略，没有用惩罚策略，即每次迭代的最后不检查顶点是否被支配，也不对未支配的顶点进行惩罚。

未用两种模式的被支配顶点选择策略（LS_PD without two-mode dominated vertex selecting strategy，LS_PD-G）版本：与 LS_PD 的区别在于，LS_PD-G 在选择哪些顶点被支配时只用了随机策略，没有用两种模式进行变换。

未用强化策略（LS_PD without intensification strategy，LS_PD-I）版本：与 LS_PD 的区别在于，LS_PD-I 在每次迭代的最后，没用使用加强策略。

我们在容量为 2 和（2, 5）的一般图上测试了 LS_PD 以及上述三个算法。实验结果分别列在表 4.9 和表 4.10 中。表中加粗的数值表示最优解。从这两个表中可以看出，在规模较小的实例上，所有的算法都能找到相同的解，在规模较大的大多数实例上 LS_PD 算法都要比其他三个版本的算法好。因此我们可以得出结论，本章所提出的策略对 LS_PD 算法都是有效的，这些策略在求解最小有容量支配集问题上都发挥了重要作用。

表 4.9　容量为 2 的一般图上的实验结果

顶点数	边数	LS_PD-P	LS_PD-G	LS_PD-I	LS_PD
50	100	**17**	**17**	**17**	**17**
50	250	**17**	**17**	**17**	**17**
50	500	**17**	**17**	**17**	**17**
100	100	34.8	**34**	**34**	**34**
100	250	**34**	**34**	**34**	**34**
100	500	**34**	**34**	**34**	**34**

顶点数	边数	LS_PD-P	LS_PD-G	LS_PD-I	LS_PD
250	250	91.2	**84**	**84**	**84**
250	500	87.6	**84**	85.2	**84**
250	1000	**84**	**84**	85.2	**84**
500	500	189.1	**168.4**	168.5	168.6
500	1000	180.4	170.4	175.5	**170.2**
500	2000	170.6	167.9	172.8	**167.5**
800	1000	310.2	274.6	275.1	**274.2**
800	2000	288.4	273.5	287.5	**272.7**
800	5000	270	267.9	272.1	**267.8**
1000	1000	385.4	338.8	338.5	**338.4**
1000	5000	341.8	336.8	343.7	**336**
1000	10000	335.6	**334**	336.9	**334**
平均值		160.5	152.1	154.3	151.9

表 4.10　容量为（2，5）的一般图上的实验结果

顶点数	边数	LS_PD-P	LS_PD-G	LS_PD-I	LS_PD
50	100	13.3	**13**	**13**	**13**
50	250	**9**	**9**	**9**	**9**
50	500	**9**	**9**	**9**	**9**
100	100	34.2	**33.7**	**33.7**	**33.7**
100	250	23.6	**22.3**	22.7	**22.3**
100	500	**17.2**	**17.2**	18.3	**17.2**
250	250	91.6	**83.7**	83.8	**83.7**
250	500	73.6	**66.5**	66.9	**66.5**
250	1000	52.1	48.7	53.4	**48.4**
500	500	188.3	168.5	168.6	**168.2**
500	1000	152	135.3	135.6	**135.2**
500	2000	107.4	99.1	109.1	**98.9**
800	1000	290.3	**261.7**	**261.7**	**261.7**
800	2000	224.6	**199**	203.5	199.1
800	5000	151.6	145.9	157.2	**144.5**
1000	1000	384.8	338.9	**338.6**	**338.6**
1000	5000	207.8	191.2	211.2	**189.4**
1000	10000	174	173.8	179.7	**172.2**
平均值		122.5	112.0	115.3	111.7

为进一步分析基于顶点惩罚的打分策略、两种模式的被支配顶点选择策略和强化策略在算法中的有效性，我们画出了四个算法在顶点数为 1000、边数为 10000，容量分别为 2 和（2, 5）的 ttt-plot 图。ttt-plot 图表示算法找到给定目标解时间的分布情况。图 4.5 是容量为 2，顶点数为 1000、边数为 10000 在四个算法的 ttt-plot 图。图 4.6 是容量为（2, 5），顶点数为 1000、边数为 10000 在四个算法的 ttt-plot 图。图 4.5 和图 4.6 按照以下的方式绘制。对于一个给定的实例和该实例的一个目标解，四个算法都要独立运行 200 次来求解该实例，当找到给定的目标解时，算法停止并记录算法的运行时间。把 200 次找到的时间按照升序进行排序，第 i 个长的时间为 t_i 作为横坐标，$p_i = (i-1/2)/200$ 作为纵坐标，图 ttt-plot 由 200 个这样的点 $z_i = (t_i, p_i)$ 构成。需要说明的是，图 4.5 中的实例的目标解设为 335，图 4.6 中的实例的目标解设为 174。

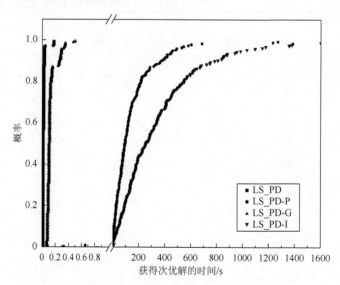

图 4.5　顶点数为 1000、边数为 10000，容量为 2 的 ttt-plot 图

在图 4.5 中，我们观察到 LS_PD 算法和 LS_PD-G 算法要比 LS_PD-P 算法和 LS_PD-I 算法找到目标解快很多，LS_PD 算法要比 LS_PD-G 算法快一些，LS_PD-P 算法要比 LS_PD-I 算法快一些。在 0.2s 时，LS_PD 算法就能找到 100% 的目标解，LS_PD-G 算法能找到接近 87% 的目标解，LS_PD-P 算法和 LS_PD-I 算法基本找不到目标解。LS_PD-P 算法在 100s 时能找到大约 50% 的目标解，在 200s 时能找到

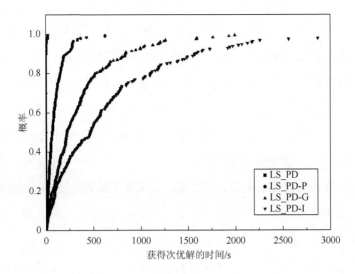

图 4.6　顶点数为 1000、边数为 10000，容量为（2, 5）的 ttt-plot 图

大约 80%的目标解，在 400s 时能找到大约 90%的目标解。LS_PD-I 算法在 300s 时能找到大约 50%的目标解，在 500s 时能找到大约 80%的目标解，在 1500s 时能找到大约 90%的目标解。

　　在图 4.6 中，我们观察到 LS_PD 算法要比 LS_PD-G 算法、LS_PD-P 算法和 LS_PD-I 算法找到目标解快很多。可以看到，在很短的运行时间里，LS_PD 算法就可以找到 100%的目标解。而其他三个算法需要很长的运行时间才能找到大约 100%的目标解。具体地，LS_PD-P 算法在 250s 时能找到大约 90%的目标解，在 600s 时能找到大约 100%的目标解。LS_PD-G 算法在 1000s 时能找到大约 90%的目标解，在 2000s 时能找到大约 100%的目标解。LS_PD-I 算法在 1750s 时能找到大约 90%的目标解，在 3000s 时能找到大约 100%的目标解。

　　此外，大多数实例上，我们可以发现 LS_PD 算法比其他算法都可以更快地找到目标解。这再一次证明了 LS_PD 算法中的基于顶点惩罚的打分策略、两种模式的被支配顶点选择策略和强化策略的有效性。

4.7　本 章 小 结

最小有容量支配集在网络中有着重要的应用，本章首先描述了最小有容量支配集问题的定义和相关的概念；然后介绍了基于顶点惩罚的打分策略、两种模式的被支配顶点选择策略和强化策略，并基于这三个策略设计了一个最小有容量支配集局部搜索算法，即 LS_PD 算法。这里对这三个策略做一个简要回顾。

（1）基于顶点惩罚的打分策略：每个顶点有一个罚值，在 LS_PD 算法遇到局部最优时，增加顶点的罚值，每个顶点的打分会因此改变，算法就能选择有效的顶点，从而使得算法跳出局部最优。

（2）两种模式的被支配顶点选择策略：如果某个顶点 v 被加入候选解中，v 支配其邻居中的哪些顶点很关键，LS_PD 算法中以 p 的概率随机选择，以 $1-p$ 的概率贪婪选择。

（3）强化策略：对于最小有容量支配集问题，存在一种很常见的现象就是一个顶点同时被多个顶点支配，强化策略用来减少此类现象，从而提高算法的求解效率。

实验结果表明，LS_PD 算法在固定容量和变化容量的 UDG 和一般图上都能够找到很好的解，总体来说，LS_PD 算法性能要优于现有算法。值得一提的是，LS_PD 算法在固定容量的 UDG 的 36 个实例上，找到了 36 个新上界；在固定容量的一般图的 54 个实例上，找到了 52 个新上界；在变化容量的 UDG 的 36 个实例上，找到了 36 个新上界；在变化容量的一般图的 54 个实例上，找到了 51 个新上界。在实验的最后，我们从实验结果和运行时间的分布方面验证了所提出三个策略的有效性。

第5章 最小连通支配集问题求解

本章介绍求解最小连通支配集问题的局部搜索算法 GRASP。为使 GRASP 算法框架巧妙地运用到求解最小连通支配集问题上我们提出了两个集合，即候选顶点集合和解的连接元素集合。候选顶点集合的作用是在构造初始化阶段时能构造出连通的候选解。解的连接元素集合的作用是在局部搜索过程中能够使不连通的候选解变为连通的。结合这两个集合以及评估函数和禁忌策略我们实现了 GRASP 算法。我们在大量的基准实例上对 GRASP 算法进行了测试，实验结果表明，在 LPRNMR 实例和随机实例上，无论稠密图还是稀疏图，GRASP 算法在所有实例上都能找到现有最优解或者优于现有最优解；在 MLSTP 实例上，GRASP 算法在大多数实例上都能找到最优解，只有少数稀疏图无法找到最优解。下面先介绍一些基本符号和定义。

5.1 基 本 概 念

给定一个无向连通图，连通支配集是寻找一个顶点子集使得不在该子集中的其他顶点都与该子集中的顶点有边相连并且该子集的诱导子图是连通图。下面给出相关概念的形式化定义。

定义 5.1（候选解，candidate solution） 对于最小连通支配集问题，给定一个无向图 $G(V,E)$，其中，V 为顶点集；E 为边集；一个顶点子集 $D \subseteq V$ 为图 G 的候选解。

定义 5.2（诱导子图，induced subgraph） 给定一个无向图 $G(V,E)$，其中，V 为顶点集；E 为边集；$G' = (V', E(V'))$，$V' \subseteq V$，$E(V') = \{(u,v)\,|\,(u,v) \in E, u,v \in V'\}$，则子图 G' 为 V' 在图 G 下的诱导子图。

定义 5.3（连通，connected） 给定一个无向图 $G(V,E)$，其中，V 为顶点集；E 为边集；若从任意顶点 v_i 到任意顶点 v_j 有路径相连（当然从 v_j 到 v_i 也一定有路径），则称 v_i 和 v_j 是连通的。

定义 5.4（连通图，connected graph）　给定一个无向图 $G(V,E)$，如果图中任意两点都是连通的，那么该图被称为连通图。

定义 5.5（连通分量，connected component）　给定一个无向图 $G(V,E)$，其中 V 为顶点集，E 为边集，该图的连通分量定义为此图的极大连通子图，这里所谓的极大是指子图中包含的顶点个数极大。

定义 5.6（可行解，feasible solution）　对于最小连通支配集问题，给定一个无向图 $G(V,E)$ 和一个候选解 $D \subseteq V$，如果 $V \setminus D$ 中的顶点都能被 D 中的顶点支配且诱导子图 $G(D) = (D, E(D))$ 是连通图，则称 D 为图 G 的可行解。

定义 5.7[50]（连通支配集）　给定一个无向图 $G(V,E)$，其中，V 为顶点集；E 为边集；若一个支配集 D 满足其诱导子图 $G(D) = (D, E(D))$ 是连通图，称 D 为连通支配集。

定义 5.8[50]（最小连通支配集问题）　给定一个无向图 $G(V,E)$，其中，V 为顶点集；E 为边集；图 G 的最小连通支配集问题是找出一个最小基数的连通支配集。最小连通支配集问题可以用如下的整数规划形式来描述：

$$\text{Minimize} \sum_{v_i \in V} x_i \tag{5.1}$$

$$\text{s.t.} \sum_{v_j \in N[v_i]} y_{ji} \geqslant 1, \quad \forall v_i \in V \tag{5.2}$$

$$\text{connected}(x) \tag{5.3}$$

$$y_{ij} \leqslant x_i, \quad \forall v_i, v_j \in V \tag{5.4}$$

$$x_i, y_{ij} \in \{0,1\}, \quad \forall v_i, v_j \in V \tag{5.5}$$

式中，$x_i = 1$ 表示顶点 v_i 在候选解中，否则 $x_i = 0$；$y_{ij} = 1$ 表示顶点 v_i 支配顶点 v_j，否则 $y_{ij} = 0$。式（5.1）为目标函数，即寻找最小基数的连通支配集，式（5.2）保证每个顶点在解中或者至少被解中一个顶点支配，式（5.3）保证向量 x 对应的候选解的诱导子图是连通图[110]，式（5.4）和式（5.5）明确约束变量的取值范围。

图 5.1 给出了一个最小连通支配集的例子。图 5.1 由 13 个顶点和 16 条边构成。集合 {2,3,4,6,7,8,11}、{1,2,3,6,7,8,11,12}、{2,3,6,7,8,10,12} 都是图 5.1 的连通支配集，但是集合 {2,3,6,7,8,11} 为图 5.1 的最小连通支配集。

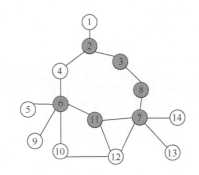

图 5.1　最小连通支配集为 {2,3,6,7,8,11}

5.2　GRASP 算法框架

GRASP 算法是一种求解组合优化问题的元启发式算法，该算法主要由两部分组成：构造阶段和局部搜索阶段。GRASP 首先随机贪婪地构造一个候选解，该候选解作为局部搜索阶段的初始解。在局部搜索阶段，当前候选解不断被其更优的邻居解代替，如果邻居解中没有比当前候选解质量更好的，算法陷入局部最优，则算法进行重启。

在构造阶段，随机贪婪构造一个初始可行解。该可行解的构造依赖一个受限制候选表（restricted candidate list，RCL），受限制候选表包含一些较好的候选顶点，这些顶点有利于构造更好的候选解。从该表中每次随机或者满足某种规则选一个顶点，然后将该顶点加入候选解，并重新构造受限制候选表，不断重复该过程直到候选解变为可行解。局部搜索阶段用来搜索初始可行解的邻居解来找到更好质量的解。上述的两个阶段独立重复或者根据某种学习机制重复多次，然后每次局部最优解中最好的作为全局最优解。为进一步理解，读者可以参考文献[111]。算法 5.1 描述了基础的 GRASP 求解最小连通支配集问题的框架。

算法 5.1　　GRASP 算法框架

GRASP()

1. Initialize the best solution $D^* \leftarrow V$;

2. **while** stop criterion is not satisfied **do**

3. 　　$D \leftarrow \text{ConstructionGreedyRandomized()}$;

4. 　　$D \leftarrow \text{LocalSearch(D, ITER\_NUM)}$;

5. 　　**if** $(|D| < |D^*|)$ **then**

6. 　　　　$D^* \leftarrow D$;

7. 　　**end if**

8. **end while**

9. **return** D^* ;

　　算法 5.1 中，首先全局最优解 D^* 初始化为顶点集 V（第 1 行）。然后是 GRASP 算法的主循环（第 2～8 行）。循环停止的条件为达到最大迭代次数或者达到给定的限制时间。算法 ConstructionGreedyRandomized() 先随机贪婪构造初始候选解 D（第 3 行），然后算法 LocalSearch(D, ITER_NUM) 对初始解 D 进行提高（第 4 行），其中 ITER_NUM 表示局部搜索的最大迭代次数。如果局部搜索阶段找到的解优于全局最优解 D^*，则更新全局最优解（第 5、6 行）。GARSP 算法主循环结束后，返回全局最优解 D^*（第 9 行）。

5.3　GRASP 求解最小连通支配集问题

　　本节将介绍 GRASP 求解最小连通支配集问题。GRASP 算法调用构造阶段，构造一个初始的可行解，然后调用局部搜索阶段，对初始化的解进行提高，最后将全局最优解返回作为最终解。下面先介绍贪婪随机构造阶段。

5.3.1　贪婪随机构造阶段

　　在构造阶段，选择向候选解加入的顶点时，评估函数起了很重要的作用。根据评估函数，我们来构造受限制候选表，然后从受限制候选表中每次随机选一个顶点加入候选解中，不断重复此过程，直到候选解变为可行解。下面讨论评估函数。

已知一个候选解 $D \in V$ ，Dominated(v, D) 表示在候选解中支配顶点 $v \in V \setminus D$ 的顶点的集合。$|$Dominated$(v, D)|$ 用来表示候选解 D 中支配顶点 v 的顶点的个数，如果 $|$Dominated$(v, D)|$ 等于 0，表示顶点 v 未被支配。

在介绍顶点打分之前，首先介绍候选解的评估。

已知一个候选解 $D \subseteq V$ ，评估候选解的函数定义如下：

$$\text{cost}(D) = \sum_{|\text{Dominated}(v,D)|=0 \wedge v \in V \setminus D} 1 \tag{5.6}$$

式中，cost(D) 为未被支配顶点的个数，用来衡量候选解 D 的质量，cost(D) 值越小表明未被支配的顶点越少，候选解 D 的质量越好，当 cost(D) 值为 0 时，说明所有的顶点都被支配。

已知一个候选解 $D \subseteq V$ ，评估顶点状态改变的函数定义如下：

$$\text{score}(v) = \text{cost}(D) - \text{cost}(D') \tag{5.7}$$

式中，如果 $v \in D$ ，则 $D' = D \setminus \{v\}$ ，否则 $D' = D \bigcup \{v\}$ ；score(v) 值为改变顶点 v 的状态后对评估函数的收益，如果 $v \in D$ ，则 score$(v) \leqslant 0$ ，否则，score$(v) \geqslant 0$ 。

有了评估函数便可构造受限制候选表，在介绍如何构造该表前，先介绍后面将要用到的一个集合定义，即候选顶点集合。

定义 5.9（候选顶点集合，candidate vertex set，CV）　给定一个无向连通图 $G(V, E)$ 和一个候选解 $D \subseteq V$ ，若一个顶点 v 加入候选解后，候选解的连通性不被破坏，则 $v \in \text{CV}$ ，所有这样的点构成了集合 CV。

根据式（5.7）定义的顶点的评估函数来构造受限制候选表，初始化解时从受限制候选表中选择顶点加入。受限制候选表的构造通常有两种方法。一种是由 k（k 为一个确定的常数）个评估函数值最高的顶点构成[112]。另一种是由若干个函数值较大的顶点构成，表中元素的个数由参数 $0 < \alpha < 1$ 决定[113]。具体地，满足式（5.8）的顶点 m 都会被加入构造受限制候选表。

$$\text{RCL} \leftarrow \{m \mid \text{score}(m) \geqslant \text{score}_{\min} + \alpha(\text{score}_{\max} - \text{score}_{\min}), m \in \text{CV}\} \tag{5.8}$$

式（5.8）是对贪婪选择和随机选择的一个平衡。换言之，如果 α 取值为 0，则所有在 CV 集合中的顶点都可以加入受限制候选表，构造阶段变成了一个纯随机的阶段；如果 α 取值为 1，则所有在 CV 集合中的分数最大的顶点才可以加入受限制候选表中，构造阶段变成了一个纯贪婪的阶段。在我们的算法中，根据实验测得 α 取值为 0.8 时实验效果较好。基于上面的讨论，构造过程在算法 5.2 中给出。

算法 5.2　贪婪随机构造阶段

ConstructionGreedyRandomized()

---

1. Initialize $\text{score}(m) = d(m)$, $m \in V$;

2. $D \leftarrow \varnothing$;

3. $\text{RCL} \leftarrow \varnothing$;

4. $\text{CV} \leftarrow V$;

5. **while** D is not CDS **do**

6. 　　　$\text{score}_{\max} \leftarrow \max\limits_{m \in \text{CV}} \text{score}(m)$;

7. 　　　$\text{score}_{\min} \leftarrow \min\limits_{m \in \text{CV}} \text{score}(m)$;

8. 　　　$\text{RCL} \leftarrow \{m \mid \text{score}(m) \geqslant \text{score}_{\min} + \alpha(\text{score}_{\max} - \text{score}_{\min}), m \in \text{CV}\}$;

9. 　　　$n \leftarrow$ select vertex n randomly from RCL ;

10. 　　　$D \leftarrow D \bigcup \{n\}$;

11. 　　　$\text{CV} \leftarrow \bigcup\limits_{v \in D} N(v) \bigcap V \setminus D$;

12. **end while**

13. **return** D ;

在贪婪随机构造解时，首先，每个顶点的打分初始化为顶点的度（第 1 行），候选解 D 和受限制候选表都初始化为空集（第 2、3 行），CV 集合初始化为顶点集 V（第 4 行）。根据定义 5.9，CV 集合用来存放一些加入候选解 D 中并且不破坏 D 的连通性的顶点，如果 D 是空集，则任意顶点加入候选解都不破坏其连通性，所以 CV 集合初始化为顶点集 V；如果候选解 D 不是空集，则只有 D 中顶点不在候选解的邻居加入候选解才能保证候选解的连通性，所以 $\text{CV} \leftarrow \bigcup\limits_{v \in D} N(v) \bigcap V \setminus D$。接下来是构造阶段的主循环（第 5~12 行），循环的停止条件为候选解 D 变为可

行解。 $score_{max}$ 记录候选顶点集合中顶点的最大分数（第 6 行）， $score_{min}$ 记录候选顶点集合中顶点的最小分数（第 7 行），根据式（5.8）来构造受限制候选表（第 8 行）。从受限制候选表中随机选择一个顶点 n 加入候选解 D 中，并更新集合 CV。不断循环至候选解 D 是一个连通支配集，最后返回候选解 D。

5.3.2　局部搜索阶段

构造阶段返回一个初始解，局部搜索阶段将提高初始解。本章的局部搜索算法结合了禁忌策略，为了在整个搜索过程中保证候选解的连通性，我们又提出了解的连通元素（solution connected elements，SCE）集合。下面先介绍禁忌策略。

为了避免局部搜索重复访问以前搜索过的解，很多文献用了各种策略来避免循环搜索，本章的算法中用了一个很通用的禁忌策略来避免这种现象。禁忌策略的思想最早由 Glover 等[104]提出，一般定义一个禁忌表（tabu list）来保存已经访问过的对象，并在以后的搜索过程中尽可能避免重复访问。禁忌策略中的主要概念有禁忌表、禁忌任期（tabu tenure）、特赦准则（aspiration criterion）等，其中，禁忌表用来储存禁忌搜索的对象，禁忌任期定义禁忌对象的生存周期，特赦准则是用来避免损失较好的解的规则。禁忌任期的选取与实际所求解的问题、算法框架和设计者的经验有紧密的关系，禁忌任期也决定了计算的复杂性。过短会造成循环问题的出现，过长会错过一些较优的解并且时间花费比较大。该策略已经成功用于很多问题的求解，如泛化的顶点覆盖问题[103]、调度问题[114]、SAT 问题[115]、MAX-SAT 问题[116]。求解连通支配集的禁忌策略可以这样描述，在禁忌表中的顶点不允许被加入候选解中，禁忌任期结束后，顶点被移出禁忌表后才允许加入候选解中。在我们的算法中，禁忌表中只有一个顶点，禁忌任期是一次迭代，即在局部搜索阶段，禁忌策略只阻止刚刚移出的顶点在下一次迭代马上又加入候选解中。

禁忌搜索可以避免循环问题，但局部搜索求解最小连通支配集问题还存在另外一个难点，即判断候选解是否连通，如果不连通怎样能使其变为连通。为解决这个问题，我们定义了一个解的连通元素集合——SCE。下面介绍如何构造集合

SCE：先求出候选解 D 的诱导子图 $G(D) = (D, E(D))$，判断图 $G(D)$ 有几个连通分量，如果只有一个连通分量说明 $G(D)$ 是连通的，如果连通分量的个数大于 1，说明 $G(D)$ 是不连通的，假设 $G(D)$ 有 k 个连通分量，每个连通分量中的顶点集合用 $C_1, C_2, \cdots, C_k$ 表示，此时将每个连通分量中的顶点的不在候选解中的邻居求交集，得到的集合即为 SCE，可用式（5.9）表示：

$$\text{SCE} = \left(\bigcup_{v \in C_1} (N(v) \bigcap V \setminus D) \right) \bigcap \left(\bigcup_{v \in C_2} (N(v) \bigcap V \setminus D) \right) \bigcap \cdots \bigcap \left(\bigcup_{v \in C_k} (N(v) \bigcap V \setminus D) \right)$$

$$(5.9)$$

如果按照式（5.9）构造出的 SCE 集合不为空，则从该集合中选择顶点加入候选解中，候选解的诱导子图将变为连通的。如果构造出的 SCE 集合为空集，则计算顶点 $v \in V \setminus D$ 出现在几个连通分量内顶点的邻居中，选择出现次数最多的顶点加入 SCE 集合中，从该集合中选一个顶点加入候选解，在将来的搜索过程中，候选解的诱导子图很容易变为连通。图 5.2 给出了一个实例来说明怎样将不连通的诱导子图变为连通的。

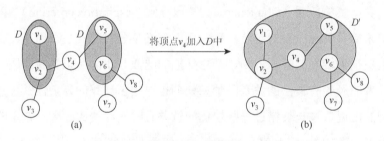

图 5.2　不连通候选解变为连通的实例

如图 5.2（a）所示，在某一状态下，当前候选解为 $D = \{v_1, v_2, v_5, v_6\}$，诱导子图 $G(D) = (D, E(D))$ 不是连通图。图 $G(D)$ 有两个连通分量：$C_1 = \{v_1, v_2\}$，$C_2 = \{v_5, v_6\}$。C_1 中顶点的不在候选解中的邻居集合是 $\{v_3, v_4\}$，C_2 中顶点的不在候选解中的邻居集合是 $\{v_4, v_7, v_8\}$。$\{v_3, v_4\}$ 和 $\{v_4, v_7, v_8\}$ 的交集为 $\{v_4\}$，如果将顶点 v_4 加入候选解 D 中，得到 D'，从图 5.2（b）可知诱导子图 $G(D') = (D', E(D'))$ 是连通图。

根据以上几个概念的介绍，我们设计出局部搜索算法来提高构造阶段的初始解。局部搜索的主要思想是如果一个基数为 k 的连通支配集被找到，则算法就从候选解 D 中移出一个顶点，接下来的主要任务就是寻找一个基数为 $k-1$ 的连通支配集。通过这种方式，局部搜索逐步迭代找到一个更好的解。算法从含有 $k-1$ 个顶点的候选解 D 开始搜索，目的是使候选解 D 变为可行解。在迭代搜索过程中，每次交换一个在候选解中的顶点和 SCE 集合中的顶点，实现过程分两个阶段完成，先从候选解中移出一个顶点，再从 SCE 集合中选一个顶点加入。这样分两个阶段实现，有利于降低算法的时间复杂度。局部搜索算法框架的具体内容如算法 5.3 所示。

算法 5.3　局部搜索阶段

LocalSearch(D, ITER _ NUM)

1. $D' \leftarrow D$;

2. **for** （ it = 0 ； it < ITER _ NUM ； it + + ）

3. 　　　**while** D is CDS **do**

4. 　　　　　$D^{*} \leftarrow D$;

5. 　　　　　$m \leftarrow$ select m from D with the greatest score ，breaking ties randomly;

6. 　　　　　$D \leftarrow D \setminus \{m\}$;

7. 　　　**end while**

8. 　　　$m \leftarrow$ select m from D with the greatest score and m is not the tabu _ vertex ，breaking ties randomly;

9. 　　　$D \leftarrow D \setminus \{m\}$;

10. 　　　update SCE;

11. 　　　$n \leftarrow$ select n from SCE with the greatest score ，breaking ties randomly;

12. 　　　$D \leftarrow D \cup \{n\}$;

13. 　　　tabu _ vertex $= n$;

14. 　　　update SCE;

15. **end for**

16. **return** D^{*} ;

在算法 5.3 中，先将全局最优解 D^{*} 初始化为传入的初始构造解 D（第 1 行）。然后执行算法的主循环（第 2～15 行），循环的停止条件为达到最大迭代次数。在搜索过程中，如果不存在未被支配的顶点且候选解 D 是连通的，则 D 是一个连通

支配集，此时要更新最优解 D^*（第 4 行）。因为每次都求解基数更小的连通支配集，所以可以保证每次都能找到可行解，该可行解一定优于当前全局最优解。然后算法从 D 中选择一个分数最高的顶点移出候选解（第 5、6 行），如果存在多个满足条件的顶点，随机选择一个。此时候选解 D 中有 $|D^*|-1$ 个顶点，算法接下来寻找基数为 $|D^*|-1$ 的连通支配集。

在每次循环中局部搜索阶段是交换两个顶点（第 8～12 行），具体地，先是从 D 中选择一个分数最高并且不在禁忌表的顶点移出候选解（第 8、9 行），如果存在多个满足条件的顶点，随机选择一个，随后更新 SCE 集合（第 10 行）。然后从集合 SCE 中选一个分数最高的顶点加入候选解，如果有多个顶点可选，随机选择一个（第 11、12 行）。在交换两个顶点之后，更新禁忌表和集合 SCE（第 13、14 行）。当循环终止条件满足时，返回最小的连通支配集 D^*（第 16 行）。

5.4　实　验　分　析

本节主要对我们提出的算法和其他现有求解最小连通支配集问题的启发式算法与精确算法进行比较，从而说明我们提出的 GRASP 算法的有效性。本节首先介绍 3 组基准实例，即 LPRNMR 实例、随机实例和 MLSTP 实例。其次介绍现有求解最小连通支配集问题的启发式算法，包括贪婪算法、蚁群优化算法和基于信息素调整的蚁群优化算法。然后介绍 6 个求解最小连通支配集问题的精确算法，包括独立分支限界算法、迭代探测分支限界算法、独立奔德斯（Benders）分解算法、迭代探测奔德斯分解算法、独立混合算法和迭代探测混合算法。接下来对我们提出的算法在大量基准实例上进行测试，并与现有算法进行比较，说明 GRASP 算法的有效性。

5.4.1　基准实例

为验证 GRASP 算法求解最小连通支配集的有效性，本书在基准实例上进行了大量的实验。每个基准实例均为一个无向图连通图。我们在 3 组实例中进行了测试，下面分别介绍每一组实例。

（1）LPRNMR 实例。文献[61]为我们提供了该组基准实例。该组基准实例为"第十届逻辑编程与非单调推理国际会议"（LPRNMR'09）提出的基准实例。该组实例规模相对较小，顶点数的取值范围为{40, 45, 50, 55, 60, 70, 80, 90}，图的密度范围为 10%～26%，相对较稀疏。表 5.1 给出了 LPRNMR 实例的具体性质。

表 5.1　LPRNMR 实例的性质

实例名称	顶点数	边数	密度	实例名称	顶点数	边数	密度
40×200	40	200	26%	60×400	60	400	23%
45×250	45	250	25%	70×250	70	250	10%
50×250_1	50	250	20%	80×500	80	500	16%
50×250_2	50	250	20%	90×600	90	600	15%
55×250	55	250	17%				

（2）随机实例。该组基准实例是由 Jovanovic 等随机生成的[61]，这些实例生成方式主要依赖网络中的聚类问题。该组实例是最小连通支配集问题中的大规模实例，顶点数的取值范围为{80, 100, 200, 250, 300, 350, 400}，图的密度范围为 2%～25%，相对较稀疏。表 5.2 给出了随机实例的具体性质。

表 5.2　随机实例的性质

实例名称	顶点数	边数	密度	实例名称	顶点数	边数	密度
400_80_60	80	302	10%	700_200_100	200	1405	7%
400_80_70	80	369	12%	700_200_110	200	1601	8%
400_80_80	80	440	14%	700_200_120	200	1830	9%
400_80_90	80	514	16%	1000_200_100	200	856	4%
400_80_100	80	603	19%	1000_200_110	200	971	5%
400_80_110	80	687	22%	1000_200_120	200	1097	6%
400_80_120	80	775	25%	1000_200_130	200	1227	6%
600_100_80	100	385	8%	1000_200_140	200	1369	7%
600_100_90	100	418	8%	1000_200_150	200	1500	8%
600_100_100	100	485	10%	1000_200_160	200	1641	8%
600_100_110	100	550	11%	1500_250_130	250	1028	3%
600_100_120	100	625	13%	1500_250_140	250	1136	4%
700_200_70	200	856	4%	1500_250_150	250	1244	4%
700_200_80	200	1021	5%	1500_250_160	250	1371	4%
700_200_90	200	1213	6%	2000_300_200	300	1727	4%

续表

实例名称	顶点数	边数	密度	实例名称	顶点数	边数	密度
2000_300_210	300	1860	4%	2500_350_230	350	1962	3%
2000_300_220	300	1999	4%	3000_400_210	400	1722	2%
2000_300_230	300	2140	5%	3000_400_220	400	1821	2%
2500_350_200	350	1636	3%	3000_400_230	400	1950	2%
2500_350_210	350	1730	3%	3000_400_240	400	2080	3%
2500_350_220	350	1843	3%				

（3）MLSTP 实例。该组基准实例最初是最多叶子生成树问题（MLSTP）的实例[64]，由于此问题与最小连通支配集问题等价，后来被学者广泛地用来测试最小连通支配集问题的求解算法[110]。该组实例为中等规模实例，顶点数的取值范围为{30, 50, 70, 100, 120, 150, 200}，图的密度范围为5%～70%，密度分布比较广。表 5.3 给出了 MLSTP 实例的具体性质。

表 5.3　MLSTP 实例的性质

实例名称	顶点数	边数	密度	实例名称	顶点数	边数	密度
30_d10	30	44	10%	100_d50	100	2475	50%
30_d20	30	87	20%	100_d70	100	3465	70%
30_d30	30	131	30%	120_d5	120	357	5%
30_d50	30	218	50%	120_d10	120	714	10%
30_d70	30	305	70%	120_d20	120	1428	20%
50_d5	50	61	5%	120_d30	120	2142	30%
50_d10	50	123	10%	120_d50	120	3570	50%
50_d20	50	245	20%	120_d70	120	4998	70%
50_d30	50	368	30%	150_d5	150	559	5%
50_d50	50	613	50%	150_d10	150	1118	10%
50_d70	50	858	70%	150_d20	150	1135	10%
70_d5	70	121	5%	150_d30	150	3353	30%
70_d10	70	242	10%	150_d50	150	5588	50%
70_d20	70	483	20%	150_d70	150	7823	70%
70_d30	70	725	30%	200_d5	200	995	5%
70_d50	70	1208	50%	200_d10	200	1990	10%
70_d70	70	1691	70%	200_d20	200	3980	20%
100_d5	100	248	5%	200_d30	200	5970	30%
100_d10	100	495	10%	200_d50	200	9950	50%
100_d20	100	990	20%	200_d70	200	13930	70%
100_d30	100	1485	30%				

5.4.2　现有算法介绍

GRASP 算法与现有最优的求解最小连通支配集问题的算法进行对比, 其中有三个启发式算法和六个精确算法。这些算法的介绍具体如下。

三个启发式算法如下。

（1）贪婪（greedy）算法[52]：该算法先用贪婪的启发式方法构造一个支配集, 然后用求解斯坦纳树的方法将支配集变成连通支配集。

（2）蚁群优化算法[61]：该算法是一个基于贪婪方法的蚁群优化算法。

（3）基于信息素调整的蚁群优化算法[61]（ant colony optimization + pheromone correction strategy, ACO + PCS）：该算法在 ACO 算法中加入了信息素调整策略, 使得算法考虑初始条件, 能有效地避免算法过早收敛。

六个精确算法[110]如下。

（1）独立分支限界算法（standalone branch-and-cut algorithm, SABC）。

（2）迭代探测分支限界算法（iterative probing branch-and-cut algorithm, IPBC）。

（3）独立奔德斯分解算法（standalone Benders decomposition algorithm, SABE）。

（4）迭代探测奔德斯分解算法（iterative probing Benders decomposition algorithm, IPBE）。

（5）独立混合算法（standalone hybrid algorithm, SAHY）。

（6）迭代探测混合算法（iterative probing hybrid algorithm, IPHY）。

三个启发式算法（Greedy、ACO 和 ACO + PCS）都求解了 LPRNMR 实例和随机实例, 并且每个实例三个算法都运行了 10 次。ACO 算法和 ACO + PCS 算法均用 C 语言实现, 运行实验的计算机配置是 GenuineIntel® Core(TM)2® E8500 CPU（3.16 GHz）。由于没有提供 Greedy 算法、ACO 算法和 ACO + PCS 算法的可执行代码, 实验结果来自文献[52]和[61]。

六个精确算法在文献[110]中提出, 其中两个混合算法（SAHY 算法和

IPHY 算法）与两个奔德斯分解算法（SABE 算法和 IPBE 算法）是目前求解最小连通支配集问题的最好算法。六个精确算法均用 C 语言实现，运行实验的计算机配置是 Intel® Xeon® E5405 CPU（2.0 GHz）。这六个算法只求解了 MLSTP 实例，每个实例中六个算法都运行了 1 次，实验结果也来自文献[110]。

我们用 C 语言实现的 GRASP 算法，测试实验在一台个人计算机上运行，配置是 Intel® Xeon®E7-4830 CPU（2.13 GHz）。GRASP 算法求解了 LPRNMR 实例、随机实例和 MLSTP 实例，在每个实例中该算法都运行了 10 次。

5.4.3　求解 LPRNMR 实例的实验结果

为了验证 GRASP 算法的有效性，我们将 GRASP 算法与现有最好的启发式算法进行性能比对。本节主要对比在 LPRNMR 实例上算法找到解的质量和运行时间，实验结果如表 5.4 所示。表 5.4 中，第 1 列为实例的名称，第 2 列为 LPRNMR'09 会议上找到的最优解，由文献[61]提供，Greedy 列为 Greedy 算法找到的最优解，平均解、标准差和时间分别表示每个算法找到解的平均值、标准差和找到最优解的平均运行时间。加粗数值表示在几个算法中求得的结果最优。

由表 5.4 可以看出，Greedy 算法找到的最优解明显不如其他三个算法。GRASP 算法在所有的实例上都能找到最优解，并且有 3 个实例比现有已知最优解还要好。按照文献[61]所描述，ACO 算法和 ACO + PCS 算法也找到了 LPRNMR'09 会议上的最优解。对于平均解来说，GRASP 算法比 ACO 算法和 ACO + PCS 算法要好。并且 GRASP 算法的标准差均为 0 小于其他两个蚁群算法，说明 GRASP 算法要比其他两个蚁群算法稳定。从运行时间上来看，ACO 算法要快于 ACO + PCS 算法和 GRASP 算法。将后两个算法进行对比可以发现，GRASP 算法在密度小的实例上用时比较短，ACO + PCS 算法在密度大的实例上用时比较短。

表 5.4　LPRNMR 实例的实验结果

实例名称	LPRNMR	Greedy	ACO			ACO + PCS			GRASP		
			平均解	标准差	时间/s	平均解	标准差	时间/s	平均解	标准差	时间/s
40×200	5	10	5.8	0.6	3.2	5.3	0.45	4.1	**5**	0	7.1
45×250	5	15	5.8	0.4	3.5	5.5	0.5	4.3	**5**	0	8.7

续表

实例名称	LPRNMR	Greedy	ACO			ACO + PCS			GRASP		
			平均解	标准差	时间/s	平均解	标准差	时间/s	平均解	标准差	时间/s
50×250_1	8	15	8.1	0.54	4.8	8	0	6.1	**7**	0	9.8
50×250_2	7	17	7.5	0.5	5	7.1	0.3	6.5	**7**	0	9.9
55×250	8	20	8.8	0.98	5.6	8.3	0.45	7.3	**8**	0	9.8
60×400	7	15	7	0	6.1	7	0	9.1	**7**	0	12.7
70×250	13	32	14.2	0.74	11	13.9	1.04	13.5	**12**	0	11.5
80×500	9	20	10	0.44	12.1	9.8	0.4	16.9	**9**	0	15.1
90×600	10	19	10.9	0.83	14	10.6	1.01	17.3	**9**	0	17.2
平均值	8	18.11	8.68			8.39			**7.67**		

5.4.4 求解随机实例的实验结果

该组实例是按照文献[61]中的方法随机生成的大规模最小连通支配集实例。随机实例按照如下方法生成：在某个固定的 $N \times N$ 的区域内，随机选若干个点作为图的顶点，如果顶点 v 和顶点 u 之间的距离小于某个给定的值，则顶点 v 和顶点 u 之间存在一条边。按照上述方法生成了不同顶点数、不同边密度的 41 个实例。GRASP 算法与其他三个启发式算法在随机实例上的实验结果列于表 5.5 中。

表 5.5 随机实例的实验结果

实例名称	Greedy	ACO		ACO + PCS		GRASP		
		最优解	平均解	最优解	平均解	最优解	平均解	时间/s
400_80_60	48	20	21.6	**19**	21.2	**19**	19.8	7.1
400_80_70	33	16	17.0	15	16.2	**14**	15.1	7.8
400_80_80	35	**12**	14.0	**12**	13.1	**12**	12	7.9
400_80_90	41	11	11.8	11	11.6	**10**	10.6	8.4
400_80_100	23	**8**	9.0	**8**	8.9	**8**	8.2	8.6
400_80_110	25	8	8.5	8	8.5	**7**	7.8	9.0
400_80_120	17	7	7.5	7	7.2	**6**	6.1	9.8
600_100_80	38	23	24.7	**22**	23.6	**22**	22.9	9.0
600_100_90	40	22	23.8	21	23.6	**20**	20.7	9.7
600_100_100	38	**17**	20.0	**17**	19.0	**17**	17.9	10.0
600_100_110	35	**15**	17.2	**15**	16.8	**15**	15.9	9.6
600_100_120	36	15	16.2	14	15.5	**13**	13.8	17.5

续表

实例名称	Greedy	ACO		ACO + PCS		GRASP		
		最优解	平均解	最优解	平均解	最优解	平均解	时间/s
700_200_70	96	46	50.7	46	49.6	**45**	46.5	44.2
700_200_80	89	41	43.7	41	43.9	**35**	37.5	40.8
700_200_90	84	34	36.0	33	35.7	**30**	30.9	37.8
700_200_100	75	28	30.8	28	31.0	**25**	25.8	35.2
700_200_110	70	23	27.4	**22**	26.4	**22**	22.7	35.6
700_200_120	68	21	23.6	21	23.4	**18**	19.1	34.7
1000_200_100	96	46	50.7	46	49.6	**45**	46.5	44.5
1000_200_110	92	43	44.9	42	44.8	**37**	39.5	41.5
1000_200_120	82	37	39.9	37	39.8	**34**	35.4	41.5
1000_200_130	91	32	34.7	32	34.9	**29**	30.5	38.4
1000_200_140	76	30	31.3	29	31.3	**25**	25.7	35.3
1000_200_150	83	28	29.6	26	28.8	**23**	24.3	35.8
1000_200_160	86	24	26.6	25	26.5	**22**	22.3	35.0
1500_250_130	158	60	64.5	60	64.3	**57**	58.6	58.3
1500_250_140	144	53	57.2	52	57.0	**50**	52.3	55.6
1500_250_150	170	51	54.9	51	54.4	**46**	48.5	51.0
1500_250_160	151	47	50.5	45	49.8	**43**	43.7	49.4
2000_300_200	178	55	58.6	52	58.8	**49**	50.4	61.2
2000_300_210	151	51	53.5	50	52.8	**45**	46.1	60.1
2000_300_220	140	47	48.9	45	48.4	**40**	42.1	59.0
2000_300_230	166	44	47.5	44	46.9	**39**	39.8	56.4
2500_350_200	198	79	82.0	79	81.5	**73**	75.4	83.1
2500_350_210	185	75	79.1	74	78.2	**67**	70	80.8
2500_350_220	205	68	72.6	69	73.8	**62**	67	78.1
2500_350_230	193	66	69.2	66	68.9	**59**	60.9	76.1
3000_400_210	259	99	101.6	98	104.0	**90**	94.7	116.1
3000_400_220	225	88	95.4	91	97.6	**82**	87.9	108.9
3000_400_230	205	86	91.4	86	90.3	**78**	81.6	105.2
3000_400_240	210	82	85.8	80	84.1	**74**	76.1	100.4
平均值	108.2	40.4	43.3	40.0	43.0	36.8	38.4	

注：表中加粗数值表示最优解。

如表 5.5 所示，我们对比了算法找到的最优解和平均解。Greedy 算法找到的最优解很明显不如其他三个算法。ACO 算法和 ACO + PCS 算法找到的最优解比 Greedy 算法的好 2～3 倍，GRASP 算法找到的最优解比 Greedy 算法的好 3～4 倍。总体来说，GRASP 算法要明显优于 Greedy 算法、ACO 算法和 ACO + PCS 算法。

除了 400_80_60、400_80_80、400_80_100、600_100_80、600_100_100、600_100_110
和 700_200_110 这 7 个实例，GRASP 算法在其他 34 个实例上的解都优于两个蚁群
算法。这 7 个实例都是规模相对较小的实例，随着实例顶点数和边数的增加，GRASP
算法的优越性逐渐体现出来。对于平均解来说，GRASP 算法在 41 个实例上都比
ACO 算法和 ACO + PCS 算法好。Greedy 算法、ACO 算法和 ACO + PCS 算法的相
应文献[52]和[61]没有给出算法找到最优解的平均时间，文献作者也没有提供可执
行程序，因此表 5.5 中没有列出三个算法的时间，只列出了 GRASP 算法找到最优
解的平均时间。可以看出除了 3000_400_210、3000_400_220、3000_400_230、
3000_400_240 这 4 个大规模的实例，其他所有的实例在 100s 内就能找到最优解。

5.4.5　求解 MLSTP 实例的实验结果

　　为进一步说明 GRASP 算法的有效性，本节将 GARSP 算法与六个求解最小
连通支配集的精确算法进行对比。这六个算法分别为 SABC、IPBC、SABE、IPBE、
SAHY、IPHY。对比实验在 MLSTP 实例上进行，MLSTP 实例最初是最多叶子
生成树问题（MLSTP）的实例[64]，由于此问题与最小连通支配集问题等价，为
充分验证 GRASP 算法的性能，我们在该组实例上也进行了测试。该组实例顶点
数的取值范围为{30, 50, 70, 100, 120, 150, 200}，图的密度范围为 5%～70%，密
度分布比较广。GRASP 算法与其他六个精确算法在 MLSTP 实例上的实验结果
列于表 5.6 中。

表 5.6　MLSTP 实例的实验结果

实例名称	已知最优解	SABC		IPBC		SABE		IPBE		SAHY		IPHY		GRASP		
		上界	时间/s	上界	时间/s	上界	时间/s	上界	时间/s	上界	时间/s	上界	时间/s	最优解	平均解	时间/s
30_d10	15	15	0.03	15	0.02	15	1222.1	15	756.87	15	6.11	15	2.88	15	15	3.46
30_d20	7	7	0.02	7	0.02	7	0.01	7	0	7	0.01	7	0.02	7	7	2.88
30_d30	4	4	0.05	4	0.06	4	0.02	4	0.02	4	0.03	4	0.02	4	4	3.48
30_d50	3	3	0.01	3	0.03	3	0	3	0	3	0.01	3	0.01	3	3	3.14
30_d70	2	2	0.02	2	0	2	0	2	0	2	0.01	2	0	2	2	3.70

续表

实例名称	已知最优解	SABC 上界	时间/s	IPBC 上界	时间/s	SABE 上界	时间/s	IPBE 上界	时间/s	SAHY 上界	时间/s	IPHY 上界	时间/s	GRASP 最优解	平均解	时间/s
50_d5	31	31	0.01	31	0.02	31	—	31	—	31	88.63	31	9.46	33	33.7	2.50
50_d10	12	12	0.82	12	0.2	12	34.3	12	3.09	12	2.69	12	3.89	12	12	2.31
50_d20	7	7	0.77	7	0.97	7	0.21	7	0.09	7	0.4	7	0.16	7	7	3.06
50_d30	5	5	0.32	5	0.25	5	0.18	5	0.11	5	0.45	5	0.31	5	5	2.40
50_d50	3	3	0.23	3	0.06	3	0	3	0.01	3	0.01	3	0.01	3	3	3.25
50_d70	2	2	0.24	2	0.01	2	0	2	0	2	0.01	2	0.01	2	2	2.84
70_d5	27	27	2.06	27	0.39	29	—	29	—	27	188.65	27	674.75	29	30.6	5.11
70_d10	13	13	18.68	13	5.25	13	1.06	13	2.17	13	25.16	13	1.26	13	13	3.35
70_d20	7	7	2.68	7	1.88	7	0.38	7	0.17	7	1.15	7	0.58	7	7	3.03
70_d30	5	5	1.2	5	0.99	5	0.54	5	0.21	5	0.82	5	0.37	5	5	2.86
70_d50	3	3	0.64	3	0.4	3	0.01	3	0.02	3	0.02	3	0.02	3	3	1.93
70_d70	2	2	0.99	2	0.04	2	0	2	0.01	2	0.02	2	0.02	2	2	3.19
100_d5	24	24	58.77	24	64.13	25	—	25	—	25	—	24	142.49	26	26.7	4.23
100_d10	13	13	28.25	13	39.71	13	0.49	13	0.33	13	2.68	13	1.7	13	13	2.80
100_d20	8	8	283.23	8	414.49	8	1.88	8	1.26	8	6.48	8	2.7	8	8	3.17
100_d30	6	6	329.05	6	638.89	6	3.83	6	2.46	6	11.17	6	4.42	6	6	1.69
100_d50	4	4	48	4	41.51	4	1.55	4	0.76	4	3.23	4	1.56	4	4	1.65
100_d70	3	3	13.2	3	12.02	3	1.55	3	0.03	3	1.57	3	0.91	3	3	1.81
120_d5	25	25	1465.05	25	199.01	25	3.36	25	18.16	25	102.61	25	35.1	27	27.8	2.13
120_d10	13	15	—	13	—	13	23.97	13	3.86	13	56.31	13	18.68	14	14.3	1.86
120_d20	8	8	1316.7	8	—	8	5.02	8	3.79	8	16.47	8	8.31	8	8.2	1.66
120_d30	6	6	790.91	6	1913.36	6	5.25	6	4.44	6	14.21	6	7.56	6	6	1.65
120_d50	4	4	246.93	4	202.3	4	4.21	4	2.52	4	8.73	4	4.57	4	4	2.06
120_d70	3	3	36.84	3	28.9	3	2.25	3	0.04	3	2.82	3	2.22	3	3	2.00
150_d5	26	27	—	27	—	27	—	26	771.07	27	—	26	—	27	28.2	1.96
150_d10	14	15	—	15	—	14	51.09	14	28.28	14	652.35	14	195.76	15	15.3	2.24
150_d20	9	9	—	9	—	9	367.3	9	271.65	9	2116.24	9	903.76	9	9	1.86
150_d30	6	6	2972.83	6	—	6	21.12	6	11.25	6	34.61	6	24.77	6	6	1.61
150_d50	4	4	724.92	4	477.1	4	7.81	4	5.78	4	17.57	4	10.79	4	4	1.70
150_d70	3	3	62.56	3	49.69	3	4.3	3	0.06	3	5.01	3	2.95	3	3	1.56
200_d5	27	29	—	29	—	29	—	27	1658.85	29	—	28	—	29	30.7	2.21
200_d10	16	16	—	16	—	16	—	16	—	16	—	16	—	16	16.9	2.09

续表

实例名称	已知最优解	SABC		IPBC		SABE		IPBE		SAHY		IPHY		GRASP		
		上界	时间/s	上界	时间/s	上界	时间/s	上界	时间/s	上界	时间/s	上界	时间/s	最优解	平均解	时间/s
200_d20	9	9	—	9	—	**9**	1686.3	**9**	1945.8	9	—	9	—	**9**	9.7	1.79
200_d30	7	7	—	7	—	**7**	3210.83	**7**	1847.88	7	—	7	—	**7**	7	1.73
200_d50	4	**4**	3363.33	**4**	1887.43	**4**	24.79	**4**	19.33	**4**	44.42	**4**	28.54	**4**	4	1.74
200_d70	3	**3**	340.2	**3**	275.84	**3**	10.53	**3**	0.13	**3**	9.17	**3**	5.63	**3**	3	1.72

在表 5.6 中，第 1 列为实例名称，每个实例表示为 n_dm，其中，n 表示实例的顶点数，m 表示密度；第 2 列为每个实例的当前已知的最优解；列"上界"表示精确算法找到的上界，加粗数值表示算法找到的上界与下界相等；列"时间"表示算法找到相同上、下界的时间；列"最优解""平均解"和"时间"分别表示 GRASP 算法运行 10 次找到的最优解、平均解和找到最优解的平均时间。其中，精确算法的实验结果来自文献[110]，"—"表示算法在给定的 3600s 内找到的上界和下界不等。

表 5.7 是表 5.6 的汇总，总结了每个算法在 3600s 内找到这 41 个实例最优解的成功率。可以看出，SABC 算法和 IPBC 算法与其他四个精确算法相比找到最优解的个数相对少些，IPBE 算法是几个精确算法中最好的，GRASP 算法有 8 个实例没有找到最优解。通过仔细分析表 5.3 和表 5.6 发现，这 8 个实例的密度都比较小。由于是最小连通支配集问题实例，密度小的实例的候选解的诱导子图很容易不连通，因此很难找到可行解，因此 GRASP 算法在求解密度大的实例时更有优势。

表 5.7　GRASP 算法与六个精确算法在 MLSTP 实例上找到最优解的成功率

算法	成功	失败	成功率
SABC	33	8	80.49%
IPBC	31	10	75.61%
SABE	35	6	85.37%
IPBE	37	4	90.24%
SAHY	35	6	85.37%
IPHY	36	5	87.80%
GRASP	33	8	80.49%

5.5　本 章 小 结

本章首先描述了最小连通支配集问题的定义和相关概念，然后介绍 GRASP 算法的框架以及如何用 GRASP 算法来求解最小连通支配集问题。为保证候选解的连通性，我们定义了两个集合，即候选顶点集合和解的连接元素集合。利用候选顶点集合在构造初始化阶段时保证初始候选解的连通性。利用解的连接元素集合在局部搜索阶段时能够使不连通的候选解变为连通的。我们还定义了评估函数来给每个顶点打分，使得算法能够选择有效的顶点来加入候选解或者移出候选解。GRASP 算法中还结合了禁忌策略避免算法陷入循环搜索。

我们用现有最好求解最小连通支配集问题的启发式算法和精确算法与 GRASP 算法在多组实例（LPRNMR 实例、随机实例和 MLSTP 实例）上进行了对比，实验结果证明了 GRASP 算法的有效性。值得一提的是，GRASP 算法在 LPRNMR 实例上找到了 3 个新上界，在随机实例上找到了 34 个新上界。

第 6 章　总结与展望

6.1　总　　结

局部搜索算法是求解 NP 难组合优化问题的一个有效方法，具有简单、通用、高效、容易并行等优点。局部搜索算法已经成功应用于若干典型的组合优化问题，如 SAT 问题、旅行商问题等。本书选择最小加权顶点覆盖（MWVC）问题、最小有容量支配集（CAPMDS）问题和最小连通支配集（MCDS）问题三个经典的 NP 难组合优化问题作为研究对象，这三个问题都具有重要的理论意义和实用价值。针对不同问题的特点设计了不同的求解策略，并基于这些求解策略设计了三个高效的局部搜索算法求解这三个问题。本书的具体贡献如下。

针对 MWVC 问题，我们提出了三个新的局部搜索策略。

（1）在搜索陷入局部最优时，更新边的权重，从而动态改变顶点的分数，使得算法能够跳出局部最优并向更优的方向进行搜索。

（2）考虑顶点的加权格局（环境信息），用于减少局部搜索中的循环问题。

（3）基于问题特点和动态权重，设计了顶点选择策略，该策略决定在局部搜索过程中选择哪些顶点加入候选解或移出候选解。

根据以上三个策略，设计出 DLSWCC 算法求 MWVC 问题。在 SPI 组所有实例上，DLSWCC 算法都找到了已知最优解。在 MPI 组的 71 个实例上，DLSWCC 算法找到了 22 个新的上界。在 LPI 组的 15 个实例上，DLSWCC 算法找到了 5 个新的上界。在 MGI 组的 56 个实例上，DLSWCC 算法找到了 52 个新的上界。

针对 CAPMDS 问题，我们提出了三个新的局部搜索策略。

（1）当局部搜索算法陷入局部最优时增加当前未被支配顶点的罚值，会使算法选择恰当的顶点加入候选解中，从而跳出局部最优。

（2）当一个顶点被加入候选解中，以 p 的概率随机选择该顶点要支配的顶点，以 $1-p$ 的概率贪婪选择。

（3）利用强化策略减少冗余支配的现象，提高每个顶点容量的利用率，从而提高算法的性能。

将以上三个策略结合形成 LS_PD 算法求解 CAPMDS 问题。值得一提的是，LS_PD 算法在固定容量的 UDG 的 36 个实例上，找到了 36 个新的上界；在固定容量的一般图的 54 个实例上，找到了 52 个新的上界；在变化容量的 UDG 的 36 个实例上，找到了 36 个新的上界；在变化容量的一般图的 54 个实例上，找到了 51 个新的上界。

针对 MCDS 问题，我们提出了两个集合的概念及评估函数和禁忌策略。

（1）候选顶点集合，在构造初始候选解过程中，加入该集合中的顶点不会破坏候选解的连通性。

（2）解的连接元素集合，在局部搜索过程中，加入该集合中的顶点会使不连通的候选解变为连通。

（3）评估函数定义了每个顶点的分数，帮助算法确定哪些顶点加入候选解或移出候选解，禁忌策略来避免算法陷入循环搜索。

（4）结合两个集合的概念和评估函数及禁忌策略实现了 GRASP 算法。该算法在 9 个 LPRNMR 实例上找到了 3 个新的上界，在 41 个随机实例上找到了 34 个新的上界。

6.2　展　　望

尽管 DLSWCC 算法、LS_PD 算法和 GRASP 算法在实验中有很好的效果，但仍有不足之处，我们未来的工作将围绕以下几个方面展开。

（1）针对 MWVC 问题的超大规模实例，DLSWCC 算法虽然找到了 52 个新的上界，但是算法找到的最优解和平均解还存在一定的差距，说明算法还依赖随机种子，并不是每次都能找到最优解。我们可以针对这种超大规模的图，设计相应的策略，如利用化简策略或设计好的数据结构等来进一步提高算法的性能，使得算法能更有效地求解更大规模的实例。

（2）对于 CAPMDS 问题，我们现在求解的 UDG 和一般图的实例规模相对较小而且图的密度也很低，由于网络数据庞大，这很难满足现有的需要。为此，我们应寻找更大规模、更稠密的实际例子，针对这些设计更有效的策略来提高算法的性能，使得算法的应用更加广泛。

（3）在 MCDS 问题上，GRASP 算法在 MLSTP 实例上有少数稀疏图的效果不是很好。原因可归结为，MCDS 问题的可行解需要满足候选解的诱导子图是连通的，对于稀疏图来说找到诱导子图连通的解更加困难。我们可以针对稀疏图，设计有效的策略融入算法中，使得算法在稀疏图和稠密图上都能取得好的效果。

（4）本书提出的这几个算法基本没有参数，算法框架很容易应用到更多的 NP 难组合优化问题上。另外，本书对算法的分析主要以实验为主，从理论的角度分析实验是未来的一个研究方向。

参 考 文 献

[1] Li X T, Yin M H. An opposition-based differential evolution algorithm for permutation flow shop scheduling based on diversity measure[J]. Advances in Engineering Software, 2013, 55: 10-31.

[2] Chvatal V. A greedy heuristic for the set-covering problem[J]. Mathematics of Operations Research, 1979, 4(3): 233-235.

[3] Hertz A, Werra D D. Using tabu search techniques for graph coloring[J]. Computing, 1987, 39(4): 345-351.

[4] Papadimitriou C H. The Euclidean travelling salesman problem is NP-complete[J]. Theoretical Computer Science, 1977, 4(3): 237-244.

[5] Bar-Yehuda R, Moran S. On approximation problems related to the independent set and vertex cover problems[J]. Discrete Applied Mathematics, 1984, 9(1): 1-10.

[6] Chekuri C, Khanna S. A polynomial time approximation scheme for the multiple knapsack problem[J]. SIAM Journal on Computing, 2005, 35(3): 713-728.

[7] Alber J, Bodlaender H L, Fernau H, et al. Fixed parameter algorithms for dominating set and related problems on planar graphs[J]. Algorithmica, 2002, 33(4): 461-493.

[8] Johnson D S. Fast algorithms for bin packing[J]. Journal of Computer and System Sciences, 1974, 8(3): 272-314.

[9] Fang Z W, Chu Y, Qiao K, et al. Combining edge weight and vertex weight for minimum vertex cover problem[C]// International Workshop on Frontiers in Algorithmics. Berlin: Springer International Publishing, 2014: 71-81.

[10] Gomes F C, Meneses C N, Pardalos P M, et al. Experimental analysis of approximation algorithms for the vertex cover and set covering problems[J]. Computers & Operations Research, 2006, 33(12): 3520-3534.

[11] Karp R M. Complexity of computer computations[C]// Proceedings of a Symposium on the Complexity of Computer Computations. New York: Yorktown Heights, 1972.

[12] Dinur I, Safra S. On the hardness of approximating minimum vertex cover[J]. Annals of Mathematics, 2005, 162(2): 439-486.

[13] Halperin E. Improved approximation algorithms for the vertex cover problem in graphs and hypergraphs[J]. SIAM Journal on Computing, 2002, 31(5): 1608-1623.

[14] Karakostas G. A better approximation ratio for the vertex cover problem[C]// International

Colloquium on Automata, Languages, and Programming. Berlin: Springer, 2005: 1043-1050.

[15] Richter S, Helmert M, Gretton C. A stochastic local search approach to vertex cover[C]// Annual Conference on Artificial Intelligence. Berlin: Springer, 2007: 412-426.

[16] Cai S W, Su K L, Chen Q L. EWLS: A new local search for minimum vertex cover[C]// Proceedings of the Twenty-Fourth AAAI Conference on Artificial Intelligence (AAAI). Atlanta, 2010: 45-50.

[17] Cai S W, Su K L, Sattar A. Local search with edge weighting and configuration checking heuristics for minimum vertex cover[J]. Artificial Intelligence, 2011, 175 (9): 1672-1696.

[18] Ugurlu O. New heuristic algorithm for unweighted minimum vertex cover[C]// 2012 IV International Conference. Problems of Cybernetics and Informatics (PCI). New York, 2012: 1-4.

[19] Cai S W, Su K L, Luo C, et al. NuMVC: An efficient local search algorithm for minimum vertex cover[J]. Journal of Artificial Intelligence Research, 2013, 46: 687-716.

[20] Cai S W, Lin J K, Su K L. Two weighting local search for minimum vertex cover[C]// Proceedings of the Twenty-Fourth AAAI Conference on Artificial Intelligence (AAAI). Austin, 2015: 1107-1113.

[21] Cai S W. Balance between complexity and quality: Local search for minimum vertex cover in massive graphs[C]// Proceedings of the Twenty-Fourth International Joint Conference on Artificial Intelligence (IJCAI). Buenos Aires, 2015: 25-31.

[22] Ma Z J, Fan Y, Su K L, et al. Local search with noisy strategy for minimum vertex cover in massive graphs[C]// Pacific Rim International Conference on Artificial Intelligence. Berlin: Springer International Publishing, 2016: 283-294.

[23] Fan Y, Li C Q, Ma Z J, et al. Exploiting reduction rules and data structures: Local search for minimum vertex cover in massive graphs[EB/OL]. (2015-09-19) [2018-12-01]. https://arxiv.org/pdf/1509.05870v1.pdf.

[24] 王辰尹, 倪耀东, 柯华. 模糊环境下的最小权顶点覆盖问题[J]. 计算机应用研究, 2012, 29 (1): 38-42.

[25] Shyu S J, Yin P Y, Lin B M T. An ant colony optimization algorithm for the minimum weight vertex cover problem[J]. Annals of Operations Research, 2004, 131: 283-304.

[26] Jovanovic R, Tuba M. An ant colony optimization algorithm with improved pheromone correction strategy for the minimum weight vertex cover problem[J]. Applied Soft Computing, 2011, 11 (8): 5360-5366.

[27] Balachandar S R, Kannan K. A meta-heuristic algorithm for vertex covering problem based on gravity[J]. International Journal of Mathematical and Statistical Sciences, 2009, 1 (3): 130-136.

[28] Balaji S, Swaminathan V, Kannan K. An effective algorithm for minimum weighted vertex cover problem[J]. International Journal of Computational and Mathematical Sciences, 2010,

4(1): 34-38.

[29] Voß S, Fink A. A hybridized tabu search approach for the minimum weight vertex cover problem[J]. Journal of Heuristics, 2012, 18(6): 869-876.

[30] Bouamama S, Blum C, Boukerram A. A population-based iterated greedy algorithm for the minimum weight vertex cover problem[J]. Applied Soft Computing, 2012, 12(6): 1632-1639.

[31] Zhou T Q, Lü Z P, Wang Y, et al. Multi-start iterated tabu search for the minimum weight vertex cover problem[J]. Journal of Combinatorial Optimization, 2016, 32(2): 368-384.

[32] Li R Z, Hu S L, Zhang H C, et al. An efficient local search framework for the minimum weighted vertex cover problem[J]. Information Sciences, 2016, 372: 428-445.

[33] Huang Y C, Gao X F, Zhang Z, et al. A better constant-factor approximation for weighted dominating set in unit disk graph[J]. Journal of Combinatorial Optimization, 2009, 18(2): 179-194.

[34] Wang Y Y, Cai S W, Yin M H. Local search for minimum weight dominating set with two-level configuration checking and frequency based scoring function[J]. Journal of Artificial Intelligence Research, 2017, 58: 267-295.

[35] Irving R W. On approximating the minimum independent dominating set[J]. Information Processing Letters, 1991, 37(4): 197-200.

[36] Atallah M J, Manacher G K, Urrutia J. Finding a minimum independent dominating set in a permutation graph[J]. Discrete Applied Mathematics, 1988, 21(3): 177-183.

[37] Garey R M, Johnson D S. Computers and tractability: A guideto the theory of NP-completeness[J]. Bulletin (New Series) of the American Mathematical Society, 1980, 3(2): 898-904.

[38] 赵承业. 图的支配问题研究[D]. 大连: 大连理工大学, 2007.

[39] Barilan J, Kortsarz G, Peleg D. How to allocate network centers[J]. Journal of Algorithms, 1993, 15(3): 385-415.

[40] Kao M J, Chen H L. Approximation algorithms for the capacitated domination problem[C]// International Workshop on Frontiers in Algorithmics. Berlin: Springer, 2010: 185-196.

[41] Kuhn F, Moscibroda T. Distributed approximation of capacitated dominating sets[J]. Theory of Computing Systems, 2010, 47(4): 811-836.

[42] Cygan M, Pilipczuk M, Wojtaszczyk J O. Capacitated Domination Faster than $O(2^n)$: Algorithm Theory-SWAT 2010[M]. Berlin: Springer, 2010: 74-80.

[43] Liedloff M, Todinca I, Villanger Y. Solving capacitated dominating set by using covering by subsets and maximum matching[J]. Discrete Applied Mathematics, 2014, 168: 60-68.

[44] Becker A. Capacitated dominating set on planar graphs[EB/OL]. (2016-04-15)[2018-12-01]. https: //arxiv.org/abs/1604.04664.

[45] Potluri A, Singh A. A Greedy Heuristic and Its Variants for Minimum Capacitated Dominating Set[M]. Berlin: Springer, 2012: 28-39.

[46] Potluri A, Singh A. Metaheuristic algorithms for computing capacitated dominating set with uniform and variable capacities[J]. Swarm and Evolutionary Computation, 2013, 13: 22-33.

[47] Li R Z, Hu S L, Zhao P, et al. A novel local search algorithm for the minimum capacitated dominating set[J]. Journal of the Operational Research Society, 2018, 69(6): 849-863.

[48] Yu J G, Wang N N, Wang G H. Heuristic algorithms for constructing connected dominating sets with minimum size and bounded diameter in wireless networks[C]// International Conference on Wireless Algorithms, Systems, and Applications. Berlin: Springer, 2010: 11-20.

[49] Clark B N, Colbourn C J, Johnson D S. Unit disk graphs[J]. Discrete Mathematics, 1990, 86: 165-177.

[50] Schmid S, Wattenhofer R. Algorithmic models for sensor networks[C]// Proceedings of the 20th International Workshop on Parallel and Distributed Proceessing Systems. Island of Rhodes, 2006.

[51] Das B, Bharghavan V. Routing in ad-hoc networks using minimum connected dominating sets[C]// 1997 IEEE International Conference on Communications. Montreal, 1997: 376-380.

[52] Ephremides A, Wieselthier J E, Baker D J. A design concept for reliable mobile radio networks with frequency hopping signaling[J]. Proceedings of the IEEE, 1987, 75(1): 56-73.

[53] Guha S, Khuller S. Approximation algorithms for connected dominating sets[J]. Algorithmica, 1998, 20(4): 374-387.

[54] Alzoubi K M, Wan P J, Frieder O. Message-optimal connected dominating sets in mobile ad hoc networks[C]// Proceedings of the 3rd ACM International Symposium on Mobile ad hoc Networking & Computing. New York: ACM, 2002: 157-164.

[55] Wu J, Li H L. On calculating connected dominating set for efficient routing in ad hoc wireless networks[C]// Proceedings of the 3rd International Workshop on Discrete Algorithms and Methods for Mobile Computing and Communications. New York: ACM, 1999: 7-14.

[56] Adjih C, Jacquet P, Viennot L. Computing connected dominated sets with multipoint relays[J]. Ad Hoc & Sensor Wireless Networks, 2005, 1(1/2): 27-39.

[57] Wan P J, Alzoubi K M, Frieder O. Distributed construction of connected dominating set in wireless ad hoc networks[J]. Mobile Networks and Applications, 2004, 9(2): 141-149.

[58] Li Y S, Thai M T, Wang F, et al. On greedy construction of connected dominating sets in wireless networks[J]. Wireless Communications and Mobile Computing, 2005, 5(8): 927-932.

[59] Morgan M, Grout V. Metaheuristics for wireless network optimization[C]// The Third Advanced International Conference on Telecommunications. Morne, 2007: 15.

[60] He H M, Zhu Z H, Makinen E. A neural network model to minimize the connected dominating

set for self-configuration of wireless sensor networks[J]. IEEE Transactions on Neural Networks, 2009, 20(6): 973-982.

[61] Jovanovic R, Tuba M. Ant colony optimization algorithm with pheromone correction strategy for the minimum connected dominating set problem[J]. Computer Science and Information Systems, 2013, 10(1): 133-149.

[62] Nimisha T S, Ramalakshmi R. Energy efficient connected dominating set construction using ant colony optimization technique in wireless sensor network[C]// Innovations in Information, Embedded and Communication Systems(ICIIECS). Coimbatore, 2015: 1-5.

[63] Li R Z, Hu S L, Gao J, et al. GRASP for connected dominating set problems[J]. Neural Computing and Applications, 2017, 28(S1): 1059-1067.

[64] Lucena A, Maculan N, Simonetti L. Reformulations and solution algorithms for the maximum leaf spanning tree problem[J]. Computational Management Science, 2010, 7(3): 289-311.

[65] Bondy J A, Murty U S R. Graph Theory with Applications[M]. London: Macmillan, 1976: 290.

[66] Allan R B, Laskar R. On domination and independent domination numbers of a graph[J]. Discrete Mathematics, 1978, 23(2): 73-76.

[67] Corneil D G, Stewart L K. Dominating sets in perfect graphs[J]. Discrete Mathematics, 1990, 86(1-3): 145-164.

[68] Bock F. An algorithm for solving travelling-salesman and related network optimization problems[J]. Operations Research, 1958, 6(6): 897.

[69] Croes G A. A method for solving traveling-salesman problems[J]. Operations Research, 1958, 6(6): 791-812.

[70] Lin S. Computer solutions of the traveling salesman problem[J]. The Bell System Technical Journal, 1965, 44(10): 2245-2269.

[71] Reiter S, Sherman G. Discrete optimizing[J]. Journal of the Society for Industrial and Applied Mathematics, 1965, 13(3): 864-889.

[72] Page E S. On Monte Carlo Methods in congestion problems: I. Searching for an optimum in discrete situations[J]. Operations Research, 1965, 13(2): 291-299.

[73] Nicholson T A J. A sequential method for discrete optimization problems and its application to the assignment, travelling salesman, and three machine scheduling problems[J]. IMA Journal of Applied Mathematics, 1967, 3(4): 362-375.

[74] Kernighan B W, Lin S. An efficient heuristic procedure for partitioning graphs[J]. Bell System Technical Journal, 1970, 49(2): 291-307.

[75] Nicholson T A J. A method for optimizing permutation problems and its industrial applications[J]. Combinatorial Mathematics and Its Applications, 1971: 201-217.

[76] Hwang C R. Simulated annealing: Theory and applications[J]. Acta Applicandae Mathematicae,

1988, 12(1): 108-111.

[77] Whitley D. A genetic algorithm tutorial[J]. Statistics and Computing, 1994, 4(2): 65-85.

[78] Hornik K. Some new results on neural network approximation[J]. Neural Networks, 1993, 6(8): 1069-1072.

[79] Aarts E, Korst J. Simulated Annealing and Boltzmann Machines[M]. London: John Wiley&Sons, 1989: 3-75.

[80] Hoos H H, Stützle T. Stochastic Local Search: Foundations and Applications[M]. San Francisco: Morgan Kaufmann, 2005.

[81] Ekstorm M P. An iterative-improvement approach to the numerical solution of vector Toeplitz systems[J]. IEEE Transactions on Computers, 1974, 100(3): 320-325.

[82] Raghunathan A, Jha N K. An iterative improvement algorithm for low power data path synthesis[C]// IEEE/ACM International Conference on Computer-Aided Design. Digest of Technical Papers. San Jose, 1995: 597-602.

[83] Liang Y C, Wu C C. A variable neighbourhood descent algorithm for the redundancy allocation problem[J]. Industrial Engineering and Management Systems, 2005, 4(1): 94-101.

[84] Vanchipura R, Sridharan R, Babu A S. Improvement of constructive heuristics using variable neighbourhood descent for scheduling a flow shop with sequence dependent setup time[J]. Journal of Manufacturing Systems, 2014, 33(1): 65-75.

[85] Abdullah S, Burke E K, McCollum B. Using a Randomised Iterative Improvement Algorithm with Composite Neighbourhood Structures for the University Course Timetabling Problem[M]. Boston: Springer, 2007: 153-169.

[86] Narasimhan H, Satheesh S. A randomized iterative improvement algorithm for photomosaic generation[C]// Nature & Biologically Inspired Computing(NaBIC). Coimbatore, 2009: 777-781.

[87] Shahvari O, Logendran R. An enhanced tabu search algorithm to minimize a bi-criteria objective in batching and scheduling problems on unrelated-parallel machines with desired lower bounds on batch sizes[J]. Computers & Operations Research, 2017, 77: 154-176.

[88] Pullan W, Hoos H H. Dynamic local search for the maximum clique problem[J]. Journal of Artificial Intelligence Research, 2006, 25: 159-185.

[89] Battiti R, Mascia F. Reactive and dynamic local search for max-clique: Engineering effective building blocks[J]. Computers & Operations Research, 2010, 37(3): 534-542.

[90] Brito J, Ochi L, Montenegro F, et al. An iterative local search approach applied to the optimal stratification problem[J]. International Transactions in Operational Research, 2010, 17(6): 753-764.

[91] Penna P H V, Afsar H M, Prins C, et al. A hybrid iterative local search algorithm for the electric

　　　　fleet size and mix vehicle routing problem with time windows and recharging stations[J].
　　　　IFAC-Papers on Line, 2016, 49(12): 955-960.

[92] Wang Y Y, Li R Z, Zhou Y P, et al. A path cost-based GRASP for minimum independent
　　　　dominating set problem[J]. Neural Computing and Applications, 2017, 28(1): 143-151.

[93] Laguna M, Marti R. GRASP and path relinking for 2-layer straight line crossing
　　　　minimization[J]. Informs Journal on Computing, 1999, 11(1): 44-52.

[94] Dorigo M, Blum C. Ant colony optimization theory: A survey[J]. Theoretical Computer Science,
　　　　2005, 344(2): 243-278.

[95] Bell J E, McMullen P R. Ant colony optimization techniques for the vehicle routing problem[J].
　　　　Advanced Engineering Informatics, 2004, 18(1): 41-48.

[96] Back T. Evolutionary Algorithms in Theory and Practice: Evolution Strategies, Evolutionary
　　　　Programming, Genetic Algorithms[M]. Oxford: Oxford University Press, 1996.

[97] Michalewicz Z, Schoenauer M. Evolutionary algorithms for constrained parameter optimization
　　　　problems[J]. Evolutionary Computation, 1996, 4(1): 1-32.

[98] Snyman J A, Fatti L P. A multi-start global minimization algorithm with dynamic search
　　　　trajectories[J]. Journal of Optimization Theory and Applications, 1987, 54(1): 121-141.

[99] Codenotti B, Manzini G, Margara L, et al. Perturbation: An efficient technique for the solution
　　　　of very large instances of the Euclidean TSP[J]. Informs Journal on Computing, 1996, 8(2):
　　　　125-133.

[100] Parkes A J. Scaling properties of pure random walk on random 3-SAT[C]// International
　　　　Conference on Principles and Practice of Constraint Programming. Berlin: Springer, 2002:
　　　　708-713.

[101] Cai S W, Su K L. Configuration checking with aspiration in local search for SAT[C]//
　　　　Proceedings of the Twenty-Sixth AAAI Conference on Artificial Intelligence(AAAI). Toronto,
　　　　2012: 435-440.

[102] Michiels W, Aarts E, Korst J. Theoretical Aspects of Local Search[M]. New York: Springer
　　　　Science & Business Media, 2007.

[103] Li R Z, Hu S L, Wang Y Y, et al. A local search algorithm with tabu strategy and perturbation
　　　　mechanism for generalized vertex cover problem[J]. Neural Computing and Applications, 2016:
　　　　1-11.

[104] Glover F, Laguna M. Tabu Search[M]. Boston: Springer, 1999.

[105] Rossi R A, Ahmed N K. The network data repository with interactive graph analytics and
　　　　visualization[C]// Proceedings of the Twenty-Ninth AAAI Conference on Artificial
　　　　Intelligence(AAAI). Austin, 2015: 4292-4293.

[106] Rossi R A, Ahmed N K. Coloring large complex networks[J]. Social Network Analysis and

Mining, 2014, 4(1): 1-37.

[107] Wang Y Y, Cai S W, Yin M H. Two efficient local search algorithms for maximum weight clique problem[C]// Proceedings of the Thirtieth AAAI Conference on Artificial Intelligence(AAAI). Phoenix, 2016: 805-811.

[108] Mastrogiovanni M. The clustering simulation framework: A simple manual[EB/OL]. [2016-11-03]. http: //www.reviewbooks.site/the-clustering-simulation-framework-a-simple-manual.pdf.

[109] Jovanovi R, Tuba M, Simian D. Ant colony optimization applied to minimum weight dominating set problem[C]// Proceedings of the 12th WSEAS International Conference on Automatic Control, Modelling & Simulation. World Scientific and Engineering Academy and Society(WSEAS). Catania, 2010: 322-326.

[110] Gendron B, Lucena A, Cunha A S, et al. Benders decomposition, branch-and-cut, and hybrid algorithms for the minimum connected dominating set problem[J]. Informs Journal on Computing, 2014, 26: 645-657.

[111] Resende M G C, Ribeiro C C. Greedy randomized adaptive search procedures: Advances and applications[J]. Handbook of Metaheuristics, 2010, 146: 281-317.

[112] Feot A, Resende M G C. Greedy randomized adaptive search procedures[J]. Journal of Global Optimization, 1995, 6(2): 109-133.

[113] Feo T A, Resende M G C. A probabilistic heuristic for a computationally difficult set covering problem[J]. Operations Research Letters, 1989, 8: 67-71.

[114] Watson J P, Beck J C, Howe A E, et al. Problem difficulty for tabu search in job-shop scheduling[J]. Artificial Intelligence, 2003, 143(2): 189-217.

[115] Bertran M, Lakhdar S, Eric G. Tabu search for SAT[C]// Proceedings of the 14th National Conference on Artificial Intelligence and 9th Innovative Application of Artificial Intelligence Conference(AAAI-97/IAAI-97). Island of Rhodes, 1997: 281-285.

[116] Smyth K, Hoos H H, Stützle T. Iterated robust tabu search for MAX-SAT[C]// Conference of the Canadian Society for Computational Studies of Intelligence. Berlin: Springer, 2003: 129-144.